과학을 이해하는 새로운 프로젝트

판도라 지구 미션11

Earth science

과학을 이해하는 새로운 프로젝트

판도라 지구 Earth science 미션11

2011년 9월 30일 처음 펴냄
2012년 7월 25일 1판 3쇄

지은이 신규진
펴낸이 신명철
편집장 장미희
기획·편집 장원, 김지윤
디자인 최희윤
펴낸곳 (주)우리교육
등록 제 313-2001-52호
주소 (121-841) 서울특별시 마포구 서교동 449-6
전화 02-3142-6770
팩스 02-3142-6772
홈페이지 www.uriedu.co.kr
전자우편 urieditor@uriedu.co.kr
출력 한국커뮤니케이션
인쇄 천일문화사

ISBN 978-89-8040-942-6 43400

이 도서의 국립중앙도서관 출판시도서목록(CIP)은 e-CIP 홈페이지(http://www.nl.go.kr/ecip)에서
이용하실 수 있습니다.(CIP 제어번호:CIP2011004155)

과학을 이해하는 새로운 프로젝트

판도라 지구 미션11

Earth science

신규진 지음

우리교육

들어가며

“지난 1년 동안 당신의 체온은 1도 상승했습니다. 그리고 매년 그렇게 상승할 것 같군요.”

의사로부터 이런 말을 듣고 무덤덤할 사람이 있을까? 아마 있다면, 그는 생사를 초월한 사람이거나 혹은 체온이 지닌 의미를 모르고 있는 사람일 것이다.

지구의 평균기온이 지난 100년간 1도 넘게 상승했다는 소리를 듣고도 무심하다면 그 또한 평균기온의 상승이 뜻하는 바에 대해 무지한 사람일 것이다. 대륙의 절반 정도가 얼음으로 뒤덮인 빙하기 때의 지구 평균기온은 오늘날보다 5도 정도 낮았고, 파충류가 지배했던 중생대는 이와는 반대로 오늘날보다 5도 정도 더 높은 상태였다. 지구의 온난화가 이대로 지속된다면 파충류의 시대가 다시 도래하게 될지도 모를 일이다.

중생대의 고온 현상은 수천만 년 동안 느린 속도로 진행된 자연의 변화에 기인하였다. 그러나 오늘날 지구 기온은 ‘지구가 삽시간에 끓어오르고 있다’는 표현을 써도 지나치지 않을 정도로 엄청난 속도로 상승하고 있다. 100년에 1도씩 현재의 추세대로 지구온난화가 지속된다면 광활한 툰드라 동토의 지하에 갇혀 있는 온실 기체들마저 지상으로 탈출할 가능성이 높아진다. 만약 그런 일이 실제로 발생한다면, 지구온난화의 진행 속도는 더욱 증폭될 것이다.

지구의 온난화는 빙하 면적의 감소, 지구의 태양 빛 반사율 감소, 해수면의 상승, 해안과 섬의 침수, 가뭄과 홍수 등 각종 기상이변을 일으키고, 강력한 태풍의 발생 빈도를 증가시킨다. 그리고 이러한 현상이 인류의 산업 발달로부터 초래되었다는 데 이의를 다는 사람은 많지 않다. 인류는 지금도 무분별한 도시 건설로 삼림을 파괴하고 쓰레기를 양산하고 있으며, 경작과 목축으로 지구의 사막화를 촉진하는가 하면, 농약, 프레온가스와 같은 화학물질을 만들어 생태계 파괴는 물론 자외선 차단막인 대기의 오존층마저 구멍을 내기에 이르렀다. 지구상의 모든 원자력발전소에서 방사능 물질이 유출되는 것도 시간문제일 뿐이다.

지구과학은 지구를 잘 보전하고 좀 더 살기 좋은 곳으로 만들기 위해 지구에서 일어나는 모든 현상을 연구하는 학문이다. 이는 지진과 화산 폭발, 태풍과 쓰나미, 엘니뇨와 라니냐는 물론 소행성의 지구 충돌 가능성까지 연구하는 통합적 학문이다. 지구에서 일어나는 현재의 변화뿐만 아니라 우주 탄생의 시점까지 거슬러 올라가며 과거를 연구하고 이를 토대로 미래의 지구까지 예측하는 광범위한 시공의 학문이다.

지구의 자전축이 1도 더 기울어진다면 어떤 일이 생길까? 왜 땅은 쉬지 않고 움직이는 것일까? 바닷물은 옛날에도 짰을까? 금성에는 왜 사람이 살 수 없는 것일까? 북극곰은 이제 어디로 가야 하는 것일까? 이 모든 질문에 대한 답을 지구과학에서 얻을 수 있다.

이 책은 소설적인 구성을 통해 지구과학의 내용에 좀 더 쉽게 접근하고 이해하도록 하기 위한 목적으로 쓰였다. 내용에 오류는 없는지 새롭게 밝혀진 과학적 지식은 무엇인지 검토하고 조언해 준 이융남 박사, 염성수 박사, 이영욱 박사께 지면을 빌어 감사드린다. 아울러 활자와 그림이 최적의 그릇에 오롯이 담겨 독자에게 고스란히 전달될 수 있도록 심혈을 기울여 준 우리교육 편집팀, 멋진 삽화를 그려 준 조선진 일러스트레이터, 좋은 사진을 제공해 주신 사진작가 여러분께도 감사드린다.

신규진

차례

판도라 회의

지구에서 6만 광년 떨어진 곳, 판도라 행성.

너울 파도가 일렁이는 아름다운 해변에 축구장 열 배 크기의 거대한 원반 네 개가 모여 있다. 고래의 노랫소리 같은 음이 울려 퍼지자, 각 원반의 측면 입구가 열리며 흰 옷을 입은 사람들이 하나둘 나오기 시작한다. 이들은 날개도 없이 허공을 가로질러 중앙에 위치한 원반을 향해 걷는다. 수리 한 마리가 머리를 갸우뚱거리며 이들을 응시한다. 섬세한 머릿결, 반짝이는 눈망울, 하얀 치아가 아름다운 사람들…….

그러나 이들의 표정은 하나같이 어둡다. 어마어마한 속도로 판도라를 향해 날아오고 있는 투르타스 별 때문이다. 너무도 거대한 이 별의 중력이 미치는 순간, 판도라 행성은 배수구에 빠진 개미처럼 허우적거리다가 투르타스 별에 빨려 들고 말 것이다. 이를 막을 방도는 없다.

원로회의 의장 오하수나, 단상에 선 그녀는 그윽한 총기의 빛을 발하며 입을 열었다.

"지금까지 논의된 대책 중에 가장 유력한 방안은 지구로 이주하는 것입니다. 이미 지구에는 우리와 동일한 유전자를 가진 지구인들이 살고 있습니다. 물론 우리의 과학 수준이 그들보다 월등하므로 지구를 장악하는 것은 어렵지 않을 것입니다. 허나 무력으로 지구를 점령하는 것은 우리가 지금껏 추구하며 살았던 사랑과 평화의 정신에 위배되는 일입니다. 하여 지구인들과 협력하여 상생의 방안을 모색하자는 의견이 나왔습니다. 어떻게 하면 좋겠습니까? 원로 여러분."

그때 칼칼한 목소리가 차가운 안개처럼 장내에 울려 퍼졌다.

"지구인들과 협력하자고요?"

허리까지 내려오는 긴 은발에 회색 도포를 펄럭이며 회의장 입구에 나타난 사람은 원로회 전 대의장 칼루타로였다. 그의 등장에 회의장이 잠시 술렁거렸다. 그는 20년 전 어느 날 홀연 잠적하였고, 지금까지 우주를 방랑하고 있다고 알려져 있었다.

"그러기 전에 우선 판도라의 영물 상자를 지구로 보내어 그들을 시험해 보는 것이 좋을 듯하오."

'판도라의 영물 상자'라는 말에 장내가 다시 소란해졌다. 이 영물 상자는 500년 전 초신성 폭발로 인해 발생한 불순 에너지를 가두어 둔 장치였다. 불순 에너지에는 인체의 호르몬과 대뇌를 자극하여 그릇된 욕망을 부채질하는 기괴한 힘이 있었다. 500년 전 불순 에너지가 판도라를 휩쓸었을 때 판도라는 폭력, 살인, 방화 등 온갖 범죄가 난무하는 혼돈 상태에 빠져들었었다. 다행히 깊은 산중에서 영적 능력을 개발하며 살던 도인들이 불순 에너지를 수거하여 상자에 가두었다. 그 상자들은 지금껏 봉인된 채 이웃 행성 아이마의 지하 깊은 곳에 보관되고 있었다.

원로 퉁가바우가 큰 소리로 질문했다.

"굳이 판도라의 상자를 지구에 보내려는 이유가 무엇입니까?"

"그 이유는……."

젊은 원로 츄이가 단상으로 나섰다. 츄이는 판도라 영성 협의회 의장이기도 했다.

"지구인이 과연 지구에 살 만한 자격이 있는가를 알아보기 위해서입니다. 지구는 지금 사람들의 몰이해와 이기심 때문에 회복하기 힘들 정도로 병들었고, 그로 인해 많은 생물들이 멸종 위기에 놓여 있습니다."

츄이가 천정을 향해 손바닥을 펼치자, 홀 중앙에 사각형의 입체 영상이 나타났다.

"원로 여러분, 지구의 현장을 그대로 느끼실 수 있도록 '감각 인지 조절 프로그램'을 작동해도 괜찮겠습니까?"

원로들은 눈빛으로 수락 의사를 표했고, 의장 오하수나는 고개를 끄덕였다.

첫 장면은 지구의 공장 지대 모습이었다. 시커먼 굴뚝에서 꾸역꾸역 검은 연기가 솟아오르더니 매캐한 냄새가 자욱하게 퍼지기 시작했다. 코와 눈이 따가워지자 회의장 여기저기에서 콜록콜록 기침 소리가 터져 나왔다. 어느새 쓰레기 매립지로 변한 영상에서 썩은 냄새가 코를 찌르기 시작했다. 원로들은 표정을 일그러뜨린 채 애써 숨을 참았다.

잠시 후 둥근 톱니 칼이 진동하면서 나무 허리가 통째로 잘려 나가는 영상이 나타났다. 우우웅 드드드득! 우우웅 드드드득! 골이 통째로 흔들리는 듯한 굉음은 귀를 틀어막아도 소용이 없었다. 감각 인지 조절 프로그램은 감각기관이나 신경세포를 경유하지 않고 뇌에 직접 작용하여 감각이나 느낌을 조절하기 때문이었다.

장면은 다시 말라 버린 호수와 황량한 사막으로 바뀌었다. 원로들의 귀에 해골만 앙상하게 남은 물고기의 비명이 들리는 듯했다. 허허벌판 사막의 아득한 고독감도 고스란히 전해졌다.

이윽고 퀴퀴하고 끈적거리는 기름이 덕지덕지 온몸을 감아 오기 시작했다. 찐득찐득한 타르의 뭉클거림, 견디기 힘든 불쾌감에 진땀이 줄줄 흘렀다. 고통스러운 신음이 저절로 나왔다.

문득 시원한 바닷바람이 불어오면서 상쾌한 느낌이 들기 시작했다. '이제 끝났나 보다…….' 흐트러진 몸새를 바로잡으려던 원로들은 '악!' 하는 외마디 소리를 지르며 질끈 눈을 감았다. 커다란 갈고리 낫이 고래 등짝에 내리꽂힌다. '와우! 나이스 샷! 으하하하!' 고래의 살점이 갈가리 찢어발겨지는 동안 지구인들의 들뜬 목

소리와 웃음소리가 왁자하다. 바닷물은 이내 시뻘건 피로 홍건하게 물들었고, 피비린내가 진동하기 시작했다.

"우~웩!"

누군가 상한 비위를 참지 못하고 구토를 일으키자 연쇄 반응이 일어났다.

"웩! 우~웩!"

츄이는 감각 인지 조절 프로그램의 영상을 거두어들이면서 나직하게 말했다.

"마지막 장면을 지구인들이 뭐라 부르는지 아십니까? 고래 축제, 고래 축제라고 부른답니다."

오하수나가 말했다.

"지구의 훼손이 우려했던 것보다 훨씬 심각하군요. 영물 상자 시험에 대하여 좀 더 구체적으로 설명해 주시겠습니까?"

츄이가 말했다.

"지구인들이 지구를 오염시키고 훼손시키는 이유는 지구에 대한 무지와 끝없는 탐욕 때문입니다. 지구인들은 자신들이 살고 있는 땅을 이해하는 일보다 땅값에 더 많은 관심을 갖고 있습니다. 지구를 보존하는 데 힘쓰기보다는 강을 파헤치고 산을 허물며 재산을 늘리는 일에 몰두합니다. 우리는 영물 상자를 보내 지구에 대한 지식과 심성 두 가지 측면으로 지구인들을 시험하고자 합니다."

"그럼 문제는 누가 풀게 됩니까? 지구의 과학자들인가요?"

"아닙니다. 지구의 앞날을 짊어질 청소년들을 대상으로 테스트할 계획입니다."

원로 나쉬리가 질문했다.

"문제를 모두 풀어내는 경우와 그렇지 못한 경우, 결과는 어떻게 달라집니까?"

"영물 상자에는 특수한 제어장치가 달려 있습니다. 문제를 해결해 낸다면 제어장치가 작동하여 영물 상자가 와해되도록 설계되어 있습니다. 만약 문제 해결에 실패하면 불순 에너지가 발동하여 지구인들이 자멸의 길로 들어서게 될 것입니다. 만약 그렇게 된다면 그 책임은 자신들의 터전에 대해 무지하고 이기적이었던 지구인들의 몫이겠지요. 반대로 지구의 청소년들이 문제를 모두 해결해 낸다면 우리는 지구인들을 친구로 받아들이고 협력하여 상생 방안을 강구하게 될 것입니다."

판도라 원로회는 여러 차례 회의 끝에 판도라의 영물 상자를 지구에 보내기로 결정했다. 영물 상자 운반의 최고 책임자 츄이를 비롯하여 우주 천체 물리학자, 우주 기상학자, 우주 생물학자, 지질학자, 화학자 등 여러 분야의 과학·공학자들로 구성된 연구진과 의사, 영양사와 요리사, 각종 기내 관리 요원들이 선발되었다. 오랫동안 판도라 배움 공동체의 교육자로 교육 활동에 이바지한 퉁가바우는 참관 교수 자격으로 탑승하게 되었고, 미래를 짊어질 청소년들에게 역사의 현장을 보여 준다는 취지 아래 10여 명의 학생들이 선발되는 행운을 얻었다.

"부디 희망의 빛을 담아 오소서!"

오하수나의 뭉클한 음성을 뒤로한 채 판도라를 떠난 중형 원반 비행선 볼랴는 아이마 행성에 은닉되어 있던 영물 상자를 옮겨 싣고 지구를 향해 떠났다.

반니나가 퉁가바우 교수에게 물었다.

"교수님, 지구까지는 얼마나 걸리나요?"

"가는 데에만 4~5개월은 걸릴 거야."

"우주를 견학할 시간은 안 주나요? 너무 짧은걸요."

"공간 압축 방식을 이용하는 비행이라 구경할 것도 별로 없을 거야. 우주 멀미나 하지 말라구."

토롱테이가 질문했다.

"지구인들도 우리처럼 빠르게 비행할 수 있나요?"

"아직은 우리를 따라올 수 없단다. 우리의 비행 속도가 치타라면 지구인들의 비행 속도는 거북이쯤 될 테니. 우리는 허수의 파동을 이용한 공간 압축 방식으로 비행하기 때문에 두 지점 사이의 거리를 엄청나게 줄일 수 있지."

"지구인들은 허수의 파동을 이용한 공간 압축에 관해서 아직 모르고 있군요."

퉁가바우 교수는 고개를 끄덕였다.

NASA는 화성으로의 이주 계획을 발표한 바 있다.
바야흐로 지구에만 국한되어 있던 인류의 생활 터전이 태양계 전체로 확대되는 시점이다.
태양계는 태양을 중심으로 돌고 있는 8개의 행성 이외에도 왜소 행성, 위성, 소행성, 혜성 등
아주 많은 천체들이 힘의 질서에 따라 복잡하게 운동하고 있는 우주의 아주 작은 마을과 같다.
태양계가 어떤 천체들로 구성되어 있는지를 아는 것은 우리 삶의 터전인 태양계를 이해하는 첫걸음이다.
미션 해결 과정을 따라가다 보면 복잡하게만 느껴지던 태양계의 윤곽이 좀 더 뚜렷해질 것이다.

미션 1

2003년 캐나다 캘거리에서 결성된 지구과학 국제 올림피아드는 매년 개최지를 옮겨가며 학술 대회를 열고 있다. 그동안 한국, 필리핀, 대만 등에서 대회를 개최하였고, 올해는 인도네시아 요그야카르타에서 대회가 열린다.

인도네시아 출국을 일주일 앞두고 한국 대표 학생 네 명은 지구과학 국제 올림피아드 위원인 김종찬 박사로부터 호출을 받아 한자리에 모였다.

"인우, 다은, 예지, 벼리. 다들 모였구나. 너희들에게 이곳까지 먼 길을 직접 오라고 해서 미안하다. 홈페이지 공지 사항이나 이메일로는 알릴 수 없는 중요한 일 때문에 이렇게 모이라고 했으니 양해를 바란다."

2개월 전.

김종찬 박사는 이상한 꿈을 꾸었다. 회색 도포를 입은 은발 노인이 지팡이로 김종찬 박사를 겨누면서 칼칼한 음성으로 말했다.

'이 상자의 문제를 올림피아드 참가 학생들에게 풀도록 하시오. 그렇게 하지 않으면 지구는 파멸할 것이오!'

노인이 내려놓은 상자는 영롱한 빛을 발하고 있었다.

'당신은 누구……, 누구시오? 그리고 이게 뭐요? 왜 이러는 것이오?'

'내 말을 흘려듣지 마시오. 지구인이 파멸하길 원치 않는다면 말이오. 허허허.'

노인의 웃음소리가 고막을 찌르는 것처럼 아팠다.

"휴~ 꿈이었구나."

김종찬 박사는 몸이 허약해져서 악몽을 꾸었다고 생각했다.

그러나 다음 날 꿈에 노인이 다시 나타났다. 그 다음 날에도 나타났고, 그 다음 날에도 또 나타났다. 노인은 갈수록 험악한 표정을 지었다.

열흘째 되던 날, 노인은 긴 은색의 머리카락을 광섬유처럼 쫙 펼치고, 눈에서 붉은 빛을 뿜어 댔다.

'오늘이 마지막 경고요! 내 말대로 하지 않으면 이제 이 상자의 불길한 에너지가 온 지구에 퍼지게 될 것이오. 그렇게 되더라도 날 원망하지 마시오!'

김종찬 박사는 식은땀을 줄줄 흘리며 잠에서 깨어났다.

'아, 꿈치고는 너무도 생생하구나.'

은발 노인은 김 박사의 꿈에만 나타난 것이 아니었다. 알고 보니 대만의 추옌칭 박사, 일본의 고바야시 박사, 이스라엘의 라이언 박사, 아르헨티나의 마르티 박사, 브라질의 시소 박사, 필리핀의 미엘카 박사, 영국의 테닐 박사 등 지구과학 올림피아드 위원 모두가 똑같은 꿈에 시달리고 있었던 것이다.

김종찬 위원장은 비상 회의를 소집하여 대책을 논의했고, 은발 노인의 지시를 따라야 한다는 의견이 만장일치로 가결되었다. 김종찬 위원장은 최종 의결 내용을 발표했다.

"이번 올림피아드에서는 은발 노인이 말한 영물 상자의 문제들을 출제하는 것으로 결정되었습니다. 외계 존재인 그들은 꿈을 통하여 메시지를 전달하는 고도의 과학기술을 보유한 것 같습니다. 우리가 반드시 지켜야 할 것은 아이들이 문제를 풀 수 있도록 교통 편의나 시설 등을 제공하되, 문제 해결에 직접 관여해서는 안 된다는 점입니다. 아울러 이러한 사실들을 철저히 비밀에 부쳐야 합니다. 국가기관이나 언론 등에 알려질 경우 파국을 피할 수 없다는 노인의 경고를 명심하기 바랍니다. 미국의 알파커 박사는 꿈속에서 노인에게 저항하다가 지팡이의 광선에 맞아 실제로 심한 부상을 입었습니다."

김종찬 박사의 이야기를 듣고 인우가 걱정스러운 표정으로 말했다.

"박사님 이야기를 들으니 엄청난 과제가 우리에게 주어진 것이네요."

"그렇다. 상상해 본 적도 없는 엄청난 일이 벌어지고 있구나."

다은이가 물었다.

"상자는 언제 어디로 배달되나요?"

"글쎄……, 아마 그들이 따로 메시지를 전해 오겠지."

예지, 벼리, 다은, 인우는 올림피아드 개최 하루 전날 판도라로부터 다음과 같은 메시지를 받고 서울에 모였다.

태양계의 천체들에 대해서 상세히 공부해 두십시오. 24시간 후 영물 상자가 여러분이 모여 있는 장소로 배달될 것입니다.

벼리가 어깨를 으쓱하며 말했다.

"이거, 싱겁잖아. 태양계 천체는 이미 내 머릿속에 다 들어 있거든."

다은이 미간을 찌푸리며 말했다.

"정말? 그 많은 걸 어떻게 외울 수가 있어? 난 자신 없는데……."

예지가 제안했다.

"얘들아, 우리 일단 24시간 동안 함께 공부하자. 고모부께서 서울대학교 도서관에 근무하고 계셔. 고모부는 송 박사님과도 친구이시니 아마 우리가 공부할 수 있도록 서재를 내주실 거야."

400만 권의 장서를 보유한 서울대학교 도서관은 국내 최대의 규모를 자랑한다. 도서관장인 예지 고모부는 자신의 서재를 기꺼이 내주었고, 태양계에 관한 서책을 열람할 수 있도록 안내도 해 주었다.

"무엇부터 공부하지? 참……."

다은이가 난감한 표정을 짓자, 예지가 말했다.

"벼리, 우선 네가 태양계 천체들에 대해서 간략히 설명해 주지 않을래?"

벼리가 태양계의 개요를 브리핑했다.

"한국과 중국에서는 붙박이별 항성恒星과 떠돌이별 행성行星을 모두 별星이라 불렀기 때문에 대개 태양계에 별이 매우 많다고 생각해. 물론 모두 별이라고 불러도 틀린 것은 아니지만, 현대의 천문학에서 별이라고 하면 항성을 의미하는 거야. 그러니까 태양계에서 별은 오직 태양 하나뿐이야. 수성, 금성, 화성 같은 것들은 모두 태양 주위를 도는 행성이지."

인우가 보충 설명을 했다.

"영어로 생각하면 헛갈리지 않아. 항성은 Star, 행성은 Planet이니까. 참, 일본에서는 행성을 혹성惑星이라고 부르는데, 그 말 역시 방황한다는 뜻을 가지고 있다더군."

다은이 고개를 끄덕이며 추임새를 넣었다.

"아하, 그러니까 태양계에 진정한 스타는 하나뿐이네."

벼리가 계속 설명했다.

"별은 플라스마, 즉 전리된 기체가 중력으로 뭉쳐 있는 무겁고 밝은 구형 천체라고 정의할 수 있어. 태양은 수소와 헬륨이 약 3:1로 구성되어 있고, 중심부에서 수소 4개가 충돌하여 1개의 헬륨을 형성하는 수소 핵융합반응을 통해 복사에너지를 방출하고 있어. 태양을 비롯한 태양계 내의 모든 천체는 약 45~50억 년 전 성운의 중력 수축 과정에서 동시에 탄생했다는 것이 천문학계의 정설이야."

인우가 벼리의 말을 끊었다.

"교과서 내용 정도는 우리도 알고 있잖아. 우리가 잘 모르고 있는 부분을 살펴보아야 하는 것 아닐까?"

플라스마
고체·액체·기체에 이은 4번째 물질 상태로 일컬어진다. 초고온 상태에서 원자핵과 전자가 분리되어 격렬하게 운동하고 있는 혼합체로 생각할 수 있다.

성운
먼지, 수소 가스, 헬륨 가스 그리고 플라스마 등의 물질로 이루어진 구름.

왜소 행성dwarf planet
태양계를 돌고 있는 천체로, 국제천문연맹에서 2006년 8월 24일 정의하였다. 태양계 내의 왜소 행성은 태양 주위를 도는 궤도를 가지고 있으며, 원형을 유지하기 위한 상당한 질량을 가지고 있으나, 행성처럼 주도적이지 못하고 주변 천체의 영향을 크게 받는 천체이다. 과거에 명왕성은 행성으로 분류되었으나, 이 정의에 의해 왜소 행성으로 지위가 바뀌었다.

예지가 인우의 말에 공감했다.

"그래, 태양과 행성에 대해서는 어느 정도 알고 있어. 위성과 소행성, 왜소 행성dwarf planet, 혜성 등에 대해 공부해야 하지 않을까?"

예지가 인우 편을 들자, 벼리는 심통이 난 듯 태양계 천체들의 이름을 줄줄이 읊었다.

"수성, 금성, 지구, 화성, 목성, 토성, 천왕성, 해왕성, 달, 포보스, 데이모스, 이오, 케레스, 에로스, 에우로파, 가니메데, 칼리스토, 타이탄, 레아, 이아페투스, 히페리온, 미마스, 판도라, 아리엘, 움브리엘, 미란다, 티타니아, 오베론, 트리톤, 명왕성, 카론, 에리스……."

다은이 감탄사를 말했다.

"와! 벼리야, 그걸 다 외우고 있었어?"

벼리는 의기양양하여 한술 더 떴다.

"화성과 목성 궤도 사이 소행성대 천체는 수십만 개나 되는데, 어디 한번 읊어볼까?"

예지가 말했다.

"에이, 허풍 그만 떨어. 이러다 시간 다 보내겠다. 이제부터 각자 공부하면서 꼭 알

명왕성 궤도 근처의 왜소 행성 및 후보자

아두어야 할 것이 있으면 서로 가르쳐 주기로 하자."

벼리는 장난기 가득하던 표정을 거두며 말했다.

"그래, 태양계 행성은 과거 9개였지만, 2006년 8월 명왕성이 왜소 행성으로 분류되면서 지금은 8개로 줄었어. 현재까지 태양계의 위성은 지구에 1개, 화성에 2개, 목성에 63개, 토성에 60여 개, 천왕성에 27개, 해왕성에 13개가 발견된 상태니까 참고하면 좋을 거야."

예지, 벼리, 다은, 인우는 각자 공부에 몰두했다. 인우는 위키 백과에서 왜소 행성을 찾아내 친구들에게 보여 주었다.

"이건 명왕성 궤도 근처의 작은 천체들이야. 에리스Eris, 명왕성Pluto, 마케마케Makemake, 하우메아Haumea는 왜소 행성이 되었고, 세드나Sedna, 카론Charon, 오르쿠스Orcus, 2007OR10, 콰오아Quaoar는 왜소 행성 후보로 되어 있어."

다은이 물었다.

"그럼 왜소 행성은 총 4개인가?"

벼리가 인우 대신 대답했다.

"아니, 소행성대Asteroid belt 궤도에서 제일 큰 케레스Ceres도 왜소 행성이야. 그러니까 현재까지는 총 5개지. 하지만 앞으로 수십 개 이상으로 더 늘어날 가능성이 있어."

예지가 말했다.

"소행성대에 대해서 좀 더 공부해 두는 것이 좋겠어."

다은이가 잽싸게 소행성대에 관한 설명을 찾았고, 이를 낭독했다.

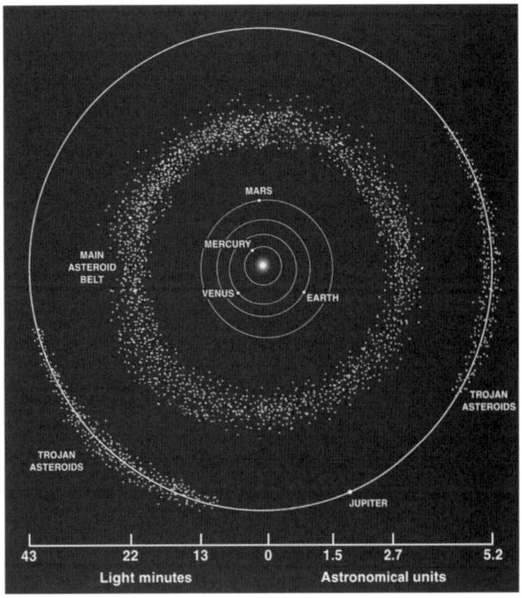

소행성대

"소행성대는 화성 궤도와 목성 궤도 사이에 소행성Asteroid이 많이 있는 영역이다. 높이 1억 킬로미터, 가로 두께 2억 킬로미터 정도 크기의 도넛 모양으로 생겼다. 이곳에 위치한 소행성들의 태양으로부터의 평균 거리는 2.2~3.3AU이며, 공전주기는 3.3~6.0년이다."

AU astronomical unit, 천문단위
지구~태양의 평균 거리를 1AU로 정의하며, 약 1억 5천만km이다.

벼리가 설명을 덧붙였다.

"소행성 중에서 지구 궤도 안쪽으로 들어오는 소행성들을 아폴로족, 목성과 동일한 공전주기를 갖는 소행성들을 트로이족이라고 불러. 소행성 중에서 가장 컸던 케레스는 2008년부터 왜소 행성으로 격상되었지. 팔라스, 유노, 베스타, 이카루스, 에로스 등이 비교적 유명한 소행성들이야."

다은이가 입을 딱 벌리며 말했다.

"벼리, 너 정말 많이 알고 있구나. 대단해!"

인우가 혼잣말처럼 중얼거렸다.

"할 일 되게 없었나 보다. 그런 거나 외우고 다니게……."

공부에 몰두하다 보니 시간이 금세 지나갔다. 그나마 벼리 덕에 훈제 통닭을 먹은

게 다행이었다. 예지, 벼리, 다은, 인우는 시간이 아까워 24시간 동안 삼각 김밥으로 끼니를 때웠다.

약속한 24시간이 지나갔다. 의자에 앉은 채로 깜빡 잠들었던 예지가 깜짝 놀라 눈을 떴다. 언제 누가 가져다 놓았는지 서재의 한쪽 구석에 상자 하나가 영롱한 빛을 발하고 있었다.

"어! 저것이…… 영물 상자?"

예지의 부르짖는 듯한 목소리에 벼리, 다은, 인우도 눈을 떴다. 아이들은 약속이나 한 듯이 동시에 잠들어 있었던 것이다. 넷이 조심스럽게 상자 가까이로 다가가자, 상자에서 수직 방향으로 영상이 솟아올랐다.(23쪽 그림)

다은이가 울상을 지었다.

"천체 사진을 훑어보기는 했지만 이렇게 모아 놓으니까 모두 비슷비슷해 보여. 어떡하지?"

이때 어디선가 부드러우면서도 위엄이 있는 목소리가 들려왔다.

"민다은 양, 울상 짓지 말고 자신감을 가져요. 할 수 있어요."

목소리의 여운이 채 가시기도 전에 천체 사진의 옆쪽에 태양계 미션 문제가 스르르 나타났다.(24쪽 그림)

문제를 보자마자 벼리가 말했다.

"어? 이상하다. 무슨 미션이 이렇게 쉬워? 24시간이나 공부하라고 해 놓고는 겨우 초딩 문제를 내다니."

조심스럽게 문제를 살펴보던 인우가 벼리의 말에 공감하며 말했다.

"그러게……, 맨 위의 사진은 태양이고, 8개의 빈 동그라미에는 행성들을 채워 넣으면 되잖아."

예지가 말했다.

"숫자는 지구의 지름을 1로 보았을 때 크기를 비교한 값이야. 0.38은 수성, 0.95는 금성, 0.53은 화성, 11.2는 목성, 9.5는 토성, 4.0은 천왕성, 3.9는 해왕성. 그렇지?"

모두가 고개를 끄덕였다.

다은이가 붙여 넣기 방법을 소리 내어 읽었다.

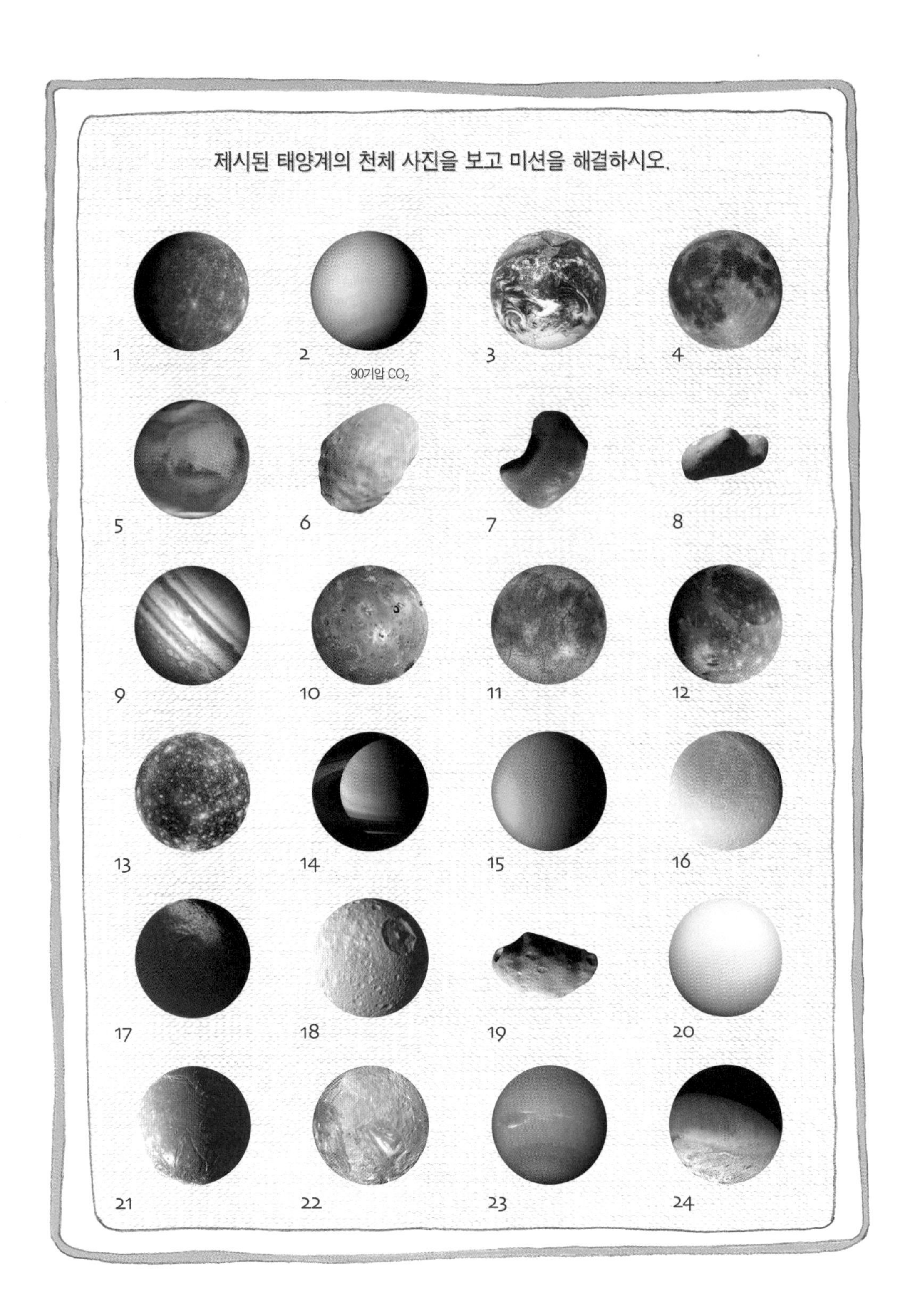
제시된 태양계의 천체 사진을 보고 미션을 해결하시오.
1
2
90기압 CO_2
3
4
5
6
7
8
9
10
11
12
13
14
15
16
17
18
19
20
21
22
23
24

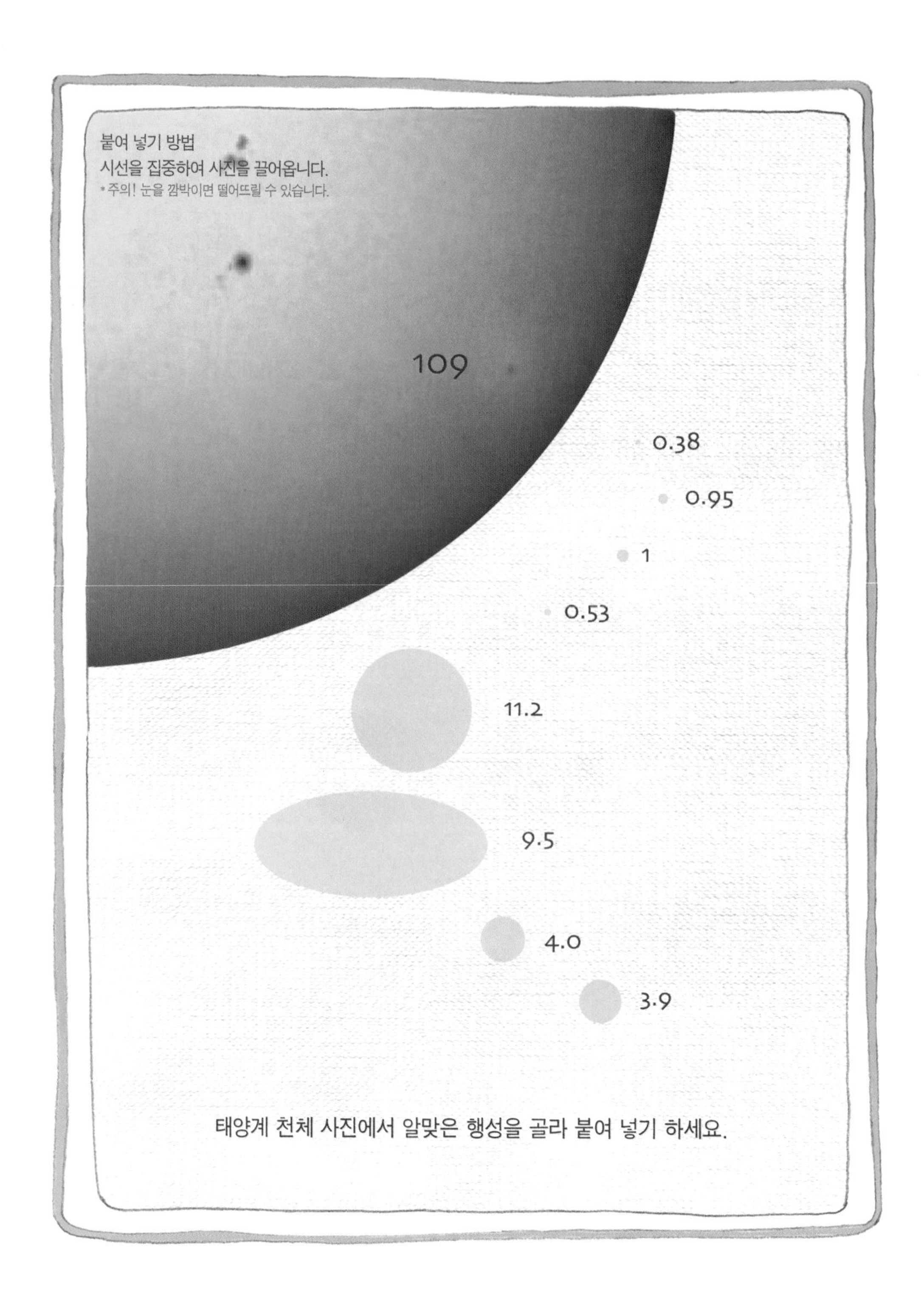
붙여 넣기 방법
시선을 집중하여 사진을 끌어옵니다.
* 주의! 눈을 깜박이면 떨어뜨릴 수 있습니다.
109
0.38
0.95
1
0.53
11.2
9.5
4.0
3.9
태양계 천체 사진에서 알맞은 행성을 골라 붙여 넣기 하세요.

"붙여 넣기 방법. 시선을 집중하여 사진을 끌어옵니다. 주의! 눈을 깜빡이면 떨어뜨릴 수 있습니다."

벼리가 반신반의하는 표정으로 말했다.

"시선을 집중해서 끌어다 붙여? 설마……, 그게 가능할까?"

인우가 말했다.

"그런데 시간제한 같은 건 없나 봐?"

인우의 말에 부드럽고 위엄 있는 목소리가 대답했다.

"그렇습니다. 시간제한은 없습니다."

"쉬운 문제처럼 보여도 만만하게 보면 안 돼. 비슷한 모양이어서 자칫 착각할 수도 있으니까 말이야. 일단 토의하여 정답을 순서대로 정해 놓고, 확신이 섰을 때 붙여 넣기 하자."

예지의 말에 인우가 동의했다.

"그래, 좋아. 오른쪽 상단의 제일 작은 동그라미에는 수성 사진을 붙여야겠지. 음……, 수성은 1번, 16번, 18번, 21번 중의 하나야. 너희들 생각은 어때?"

벼리가 대답했다.

"1번이 수성이야. 나머지는 구형이 불완전하고 균열된 것처럼 보이니 크기가 작은 위성이야."

예지와 다은이 동의하자, 인우가 말했다.

"좋아, 수성은 1번으로 결정되었어. 그럼 두 번째 금성을 골라야겠지. 두꺼운 이산화탄소 대기를 가진 금성……, 어라? 2번 사진에 CO_2 90기압이라고 써 있네? 오! 친절도 하셔라. 보나 마나 2번이 금성이구만. 그런데 왜 이 사진에만 힌트가 붙어 있는 거지?"

예지가 인우의 의문에 답했다.

"15번 사진을 봐. 금성하고 아주 비슷해서 구별하기 힘들어. 그래서 힌트를 준 걸 거야."

"그렇군."

더 이상 다른 의견이 없었다. 금성 자리에 붙일 사진으로 2

90기압의 무게는?

1기압=1033.6g중/cm²의 무게이므로, 1기압인 지구의 지표에 사는 우리는 10미터 정도 높이의 물기둥을 어깨 위에 지고 다니는 셈이다. 그러면 90기압인 금성의 표면에서는 900미터 높이의 물기둥을 어깨 위에 올려놓은 것 같은 압력을 받게 된다.

번이 선택되었다.

세 번째 동그라미에 지구 사진을 선택하는 것은 너무나 쉬웠다. 푸른 바다, 흰 구름, 황토의 대지가 어우러진 아름다운 행성 지구는 3번 사진이다.

문제가 쉬웠기 때문일까, 인우가 선생님 놀이라도 하듯 여유를 부리며 말했다.

"자, 그럼 0.53 크기의 화성을 선택해 볼까? 다은아, 너 화성에 대해 공부한 대로 발표해 봐라."

다은이가 인우를 뚱하니 쳐다봤다. 예지와 벼리도 마뜩잖은 눈으로 인우를 바라본다.

"분위기 급 썰렁한 거 알지?"

벼리가 한마디 던지고는 이어서 말했다.

"답답해서 안 되겠어. 내가 빨리 진행할게."

평소 하지도 않던 농담 한 번 던졌다가 본전도 못 찾은 인우는 머쓱한 표정을 짓더니 자리에 앉았다.

벼리가 말했다.

"화성은 5번 사진이야. 산화철이 포함되어 붉은 토양과 남북극의 하얀 극관이 뚜렷해. 다른 의견 있어?"

"없어."

"맞아, 5번이 화성."

"좋아, 다음으로 넘어간다. 목성은 빠른 자전으로 인한 대기의 줄무늬가 뚜렷하고, 대적점이라 불리는 대기의 소용돌이가 특징이야. 사진 번호 몇 번이지?"

예지와 다은이가 동시에 말했다.

"9번!"

인우는 입을 다문 채 고개만 끄덕였다. 벼리는 아랑곳하지 않고 계속 진행했다.

"토성은 고리가 뚜렷한 행성이니까 물어볼 것도 없이 14번 사진이야."

"맞아."

"그래."

극관
화성의 남북극에 얼음과 드라이아이스로 이루어진 지형으로 화성의 여름과 겨울에 크기가 변한다.

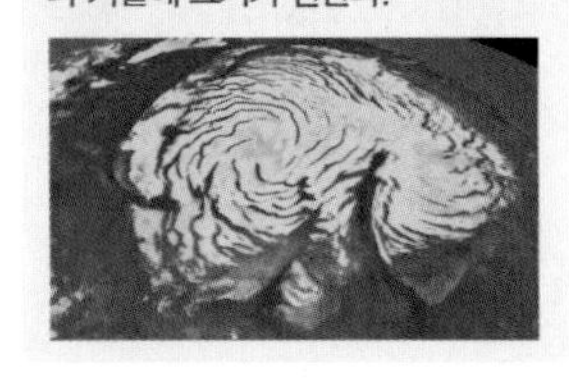

인우는 여전히 고개만 끄덕인다.

벼리는 뜸들이지 않고 말했다.

"자, 이제 천왕성과 해왕성 두 개 남았어. 두 행성은 크기와 색깔이 비슷해서 혼동하기 쉬워. 두 행성의 후보가 될 수 있는 사진을 골라 보자."

새쭉하니 침묵하고 있던 인우가 입을 열었다.

"20번이 천왕성이고, 24번이 해왕성이야. 천왕성은 표면에 별다른 무늬가 없지만, 해왕성은 어두운 반점이 있어."

벼리가 박수를 치며 말했다.

"고맙다, 인우. 다들 이의 없지?"

"응."

"그래."

모두 동의하자, 벼리는 최종적으로 정리했다.

"이제 모든 사진이 선택되었어. 위에서부터 차례대로 1번, 2번, 3번, 5번, 9번, 14번, 20번, 24번이야. 얘들아, 맞지?"

모두 고개를 끄덕였고, 이로서 미션 해답의 사진 순서가 확정되었다.

예지가 자리에서 일어서며 말했다.

"그래, 벼리, 인우, 다은, 모두들 수고했어. 이제 붙여 넣기를 할 차례야. 누가 할까?"

인우가 말했다.

"번갈아 가며 하나씩 맡아서 하자. 주의 사항에 눈을 깜빡이지 말라고 했잖아. 그러니까 차례대로 돌아가면서 하는 것이 좋을 것 같아."

벼리가 인우의 의견에 동의하며 말했다.

"그래, 그게 좋겠어. 아무래도 첫 타자로는 내가 나서야겠지?"

벼리의 잘난 척하는 병이 다시 도진 모양이다. 예지가 그 잘난 척을 받아 주며 말했다.

"그래, 벼리 네가 일등 공신이니 먼저 해."

벼리는 1번 수성 사진에 시력을 집중하며 말했다.

"자, 1번 수성 님 이쪽으로 나오세요."

"……."

"……."

그림에 아무런 변화가 없다.

"이상하다. 답이 틀린 거야? 왜 이래? 좋아, 다시 한다. 1번 사진 움직여라, 얍!"

"……."

마찬가지였다. 그림은 묵묵부답이다. 벼리는 이소룡처럼 인상을 쓰며 폼을 잡고는 기압을 넣었다.

"좋아, 한 번 더……, 흐읍~! 흐읍!"

아무리 기를 써도 사진은 요지부동 꿈적도 안 한다. 벼리가 투덜거렸다.

"내가 처음부터 의심했었지. 설마 이게 눈으로 쳐다본다고 움직이겠어? 어쩐지 문제가 쉽다 했어. 우리가 한 방 먹은 거야."

다은이가 말했다.

"벼리, 비켜 봐. 내가 해 볼게."

벼리가 어디 해 볼 테면 해 보라는 표정으로 한 걸음 물러섰다.

다은이가 차분하게 그림을 응시했다. 순간, 수성의 사진이 흔들거렸다.

"아……, 움직인다."

정말이었다. 수성은 잠시 흔들리더니 다은의 시선을 따라 그림 밖으로 끌려나왔다.

다은이는 시선을 맞은편 미션 그림으로 옮겼다. 찰칵! 시선이 작은 점에 일치하자, 수성 사진이 첫 번째 작은 동그라미 속으로 쏙 들어갔다.

아이들은 신기해서 서로의 얼굴을 바라보았다.

두 번째 금성 사진은 예지가 시도하여 역시 한 번에 성공했다. 지구 사진 붙이기는 인우가 시도했는데 매끄럽지 못했다. 이동하는 도중에 떨어질 것처럼 흔들흔들했던 것이다. 인우 이마에 땀이 솟았다.

"생각보다 어렵네. 휴~. 눈알이 따끔따끔해."

물러나 있던 벼리가 다시 나섰다.

"이제 보니, 아까 내가 처음 시도했을 때는 부팅이 덜 된 상태였나 봐. 비켜 봐, 이번엔 실패 없다."

벼리는 화성에 집중하여 손쉽게 이동시켰다.

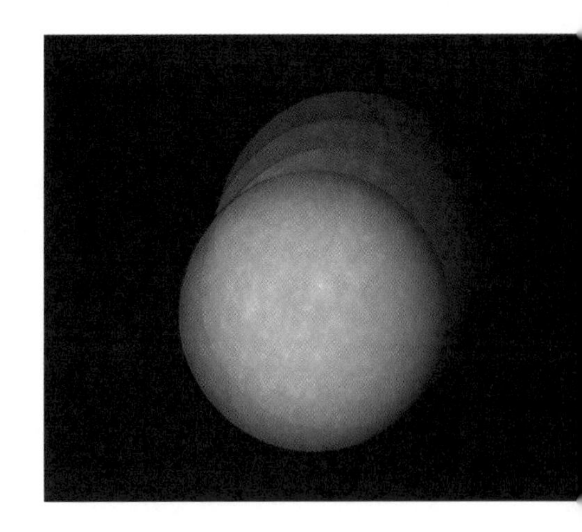

“하하하! 거 봐, 이렇게 쉬운 걸 말이야.”

벼리는 다시 우쭐해져서 말했다.

“애들아, 너희들은 이제 푹 쉬어라. 내가 다 옮겨 놓을 테니.”

벼리의 고집을 누가 말릴까. 아이들은 ‘그러세요. 혼자 다 하세요.’라는 뜻의 팔자 눈썹을 지어 보였다.

벼리는 기마 자세를 한 채 시선으로 목성을 끌어당겼다. 목성은 툭 소리를 내며 그림 밖으로 튀어나왔다.

“읍!”

벼리가 갑자기 신음을 뱉더니 눈을 부릅떴다. 안구가 튀어나올 듯 눈 주위에 힘줄이 솟았다.

“어, 어, 어!”

급기야 벼리는 다급한 외마디 신음을 내더니 목성을 떨어뜨렸다.

“안 돼!”

땅바닥에 충돌하려는 찰나, 인우의 외침에 목성이 아슬아슬 멈췄다. 그러나 목성은 팽이처럼 빙글빙글 돌면서 여전히 바닥으로 굴러 버릴 기세였다.

“예지, 다은아. 도와줘, 어서!”

인우의 말에 예지와 다은이 합세했다. 목성의 회전이 멈췄다.

“그래, 됐어! 이제 다 같이 합심하여 목성을 끌어올려!”

네 아이가 마음을 모아 시도하자, 목성은 천천히 떠오르기 시작했다.

철커덕!

드디어 목성이 자기 자리에 꽂혔다.

“아이고~.”

네 아이는 털썩 바닥에 드러누워 버렸다.

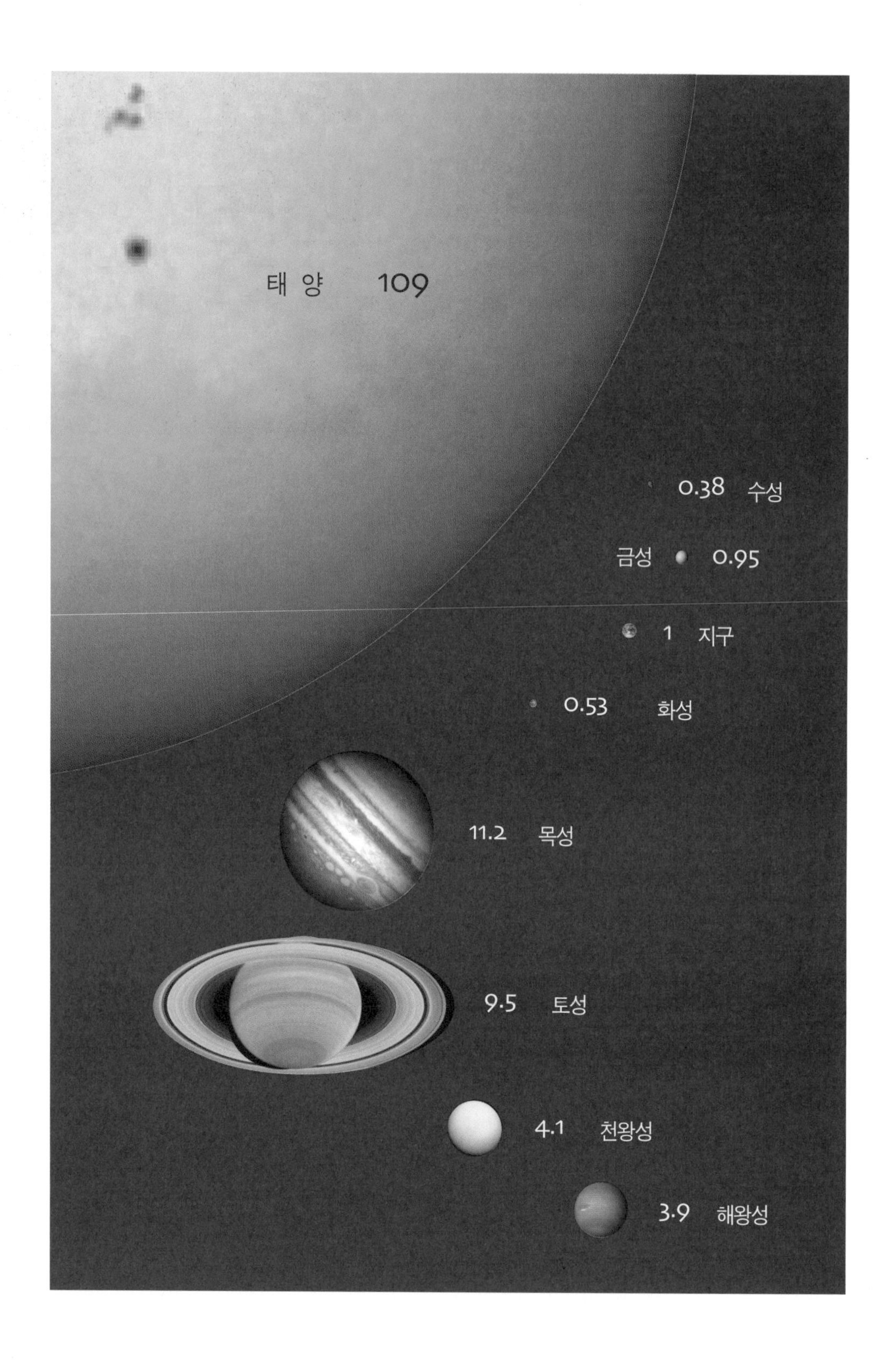
태 양 109
0.38 수성
금성 0.95
1 지구
0.53 화성
11.2 목성
9.5 토성
4.1 천왕성
3.9 해왕성

이 장면을 좁쌀만 한 크기의 전송 중계 장치가 지켜보고 있었다. 여기에서 일어나는 모든 일들은 하나도 빠짐없이 판도라인이 머무르고 있는 달 기지로 전송되는 중이었다.

"껄껄껄, 저 아이들 고생이 무척 심하구나. 벼리란 녀석, 눈알이 빠질 뻔했어. 껄껄껄."

달 기지의 퉁가바우 교수가 한참 웃고 나서 판도라 학생들에게 질문했다.

"벼리의 눈알이 왜 빠질 뻔했는지 아는 사람?"

한 학생이 손을 들더니 말했다.

"수성, 금성, 지구, 화성에 비해 목성은 질량이 매우 크기 때문인 것 같습니다."

"그래, 잘 보았다. 목성은 지구 질량의 318배나 된다. 지구 질량을 1이라고 보았을 때, 수성은 0.06, 화성은 0.11, 금성은 0.82야. 그걸 염두에 두지 않은 채 자만했던 벼리가 이번에 좋은 경험을 했구나. 껄껄껄."

또 다른 학생이 질문했다.

"교수님, 제일 처음에 벼리가 수성을 이동시키려고 했을 때 왜 작동이 안 되었던 것인가요?"

"음, 그건 말이다. 벼리가 의심했기 때문이다. 사진이 움직여 이동할 거라는 믿음이 부족했기 때문에 꿈쩍도 안 했던 거야. 그에 반해 다은이는 아무 의심도 하지 않고 시도했기 때문에 단번에 성공한 것이고."

판도라 학생들은 진심으로 믿는 것의 소중함을 마음에 새겼다.

한편, 한참을 드러누워 있던 네 아이는 간신히 몸을 일으켰다. 마치 마라톤을 뛴 것처럼 온몸에 힘이 다 빠진 상태였다. 방금 죽을 뻔한 벼리가 넉살을 떨었다.

"아우~, 난 눈알 뽑히는 줄 알았어. 아들 하나밖에 없는 우리 엄마 애 하나 더 낳아야 할 뻔했네."

아이들은 키득키득 웃었다. 아이들은 목성 붙여 넣기 경험을 통해 질량을 고려해야 한다는 사실을 깨달았다.

"토성, 천왕성, 해왕성을 옮겨야 해. 이제부터는 우리 넷이서 함께하지 않으면 안 돼. 제일 무거운 목성을 옮겼으니까, 우리가 협력하면 나머지도 해낼 수 있을 거야."

아이들은 합심하여 토성, 천왕성, 해왕성을 차례대로 옮겼고, 드디어 과제 수행에 성공했다.

"야~, 이렇게 놓고 보니까 지구가 정말 작구나!"

"그 속에 살고 있는 우리들은 또 얼마나 작은지……."

"그렇지만, 그렇게 작은 우리들이 큰 우주를 보고 있잖아. 우리는 위대한 존재야, 자부심이 느껴져."

아이들이 감회에 젖어 한마디씩 하고 있을 때, 예의 목소리가 다시 들려왔다.

"여러분, 수고했습니다. 다음은 보너스 문제! 여러분이 좋아하는 단답형 서술 평가 문제입니다."

다은이가 천장을 올려다보며 말했다.

"네? 문제가 또 있어요?"

벼리가 항의조로 말했다.

"누가 그래요? 우리가 그 지긋지긋한 시험을 좋아한다고?"

목소리는 더 이상 말이 없었다. 대신 영상이 사라지며 시험지 넉 장이 팔랑팔랑 떨어졌다. 아이들은 시험지를 집어 들었다.

"마무리 평가 문제? 나 참, 종이도 후들후들한 것이 학교 시험지랑 똑같이 생겼네."

아이들은 별수 없이 테이블로 자리를 옮겨 펜을 들었다. 문제는 말 그대로 어렵지 않은 단답형 지식 문제였다.

아이들은 올림피아드 대표 출신답게 빠르게 답을 적어 내려갔다. 그러다가 마지막 10번 문제에서 콱 막혔다.

"가이아의 아들? 그리스신화 최초의 여성? 이거 그리스신화 독후감 문제야? 너무하잖아!"

태양계 박사인 벼리가 선뜻 생각이 나지 않아 투덜거렸는데 다른 아이들도 모르기는 마찬가지였다.

다은이가 말했다.

"책에서 찾아보고 답을 쓰면 안 될까?"

그러자, 음성이 들려왔다.

마무리 평가 문제

국적 :　　　　이름 :

1. 태양 지름은 지구의 몇 배인가? (　　　)
2. 달처럼 크레이터가 잘 보존되어 있는 작은 행성은? (　　　)
3. 이산화탄소의 두꺼운 대기권 때문에 온실효과가 커서 표면 온도가 470°C나 되는 행성은? (　　　)
4. 양극에 얼음으로 된 극관이 있고 붉은색으로 보이는 행성은? (　　　)
5. 줄무늬가 뚜렷하며, 태양계에서 제일 큰 행성은? (　　　)
6. 지구에서도 뚜렷한 고리를 관측할 수 있는 행성은? (　　　)
7. 자전축이 공전궤도에 거의 누워 있으며, 하늘색으로 보이는 행성은? (　　　)
8. 대기의 소용돌이 대흑점이 있으며, 푸르게 보이는 행성은? (　　　)
9. 과거에는 행성으로 불리다가 왜소 행성으로 분류된 것은? (　　　)
10. 그리스신화에 나오는 가이아(지구)의 아들 이름을 딴 위성과 그리스신화 최초의 여성 이름을 딴 위성은 각각 무엇인가?(힌트 : 토성의 위성 중에 있음)

(　　　), (　　　)

끝.

"다은 양, 그럴 필요 없어요. 답은 토성의 위성 '미마스'와 '판도라'입니다. 10번 문제는 아무도 답을 쓰지 못했으므로 모두 틀린 것으로 처리됩니다."

아이들은 할 말을 잊고 말았다.

기껏 고생했는데, 마무리 평가랍시고 괴상한 문제에 부딪혀 미션을 실패한 것이다. 잠시 동안 침묵이 흘렀다.

이제 어찌되는 것인가? 영물 상자의 불순 에너지가 흘러나오게 되는 것인가?

잠시 후 음성이 들려왔다.

"하나 정도 틀린 것을 가지고 뭘 그리 걱정하나요? 지구와 판도라를 기억하라는 뜻의 문제일 뿐입니다. 백 점을 맞을 필요는 없어요. 합심하여 목성 붙여 넣기를 했을 때, 이미 여러분은 미션을 통과했답니다."

순간 아이들은 환해진 얼굴로 서로의 얼굴을 바라보며 뭉클한 시선을 나누었다. 다시 음성이 들려왔다.

"여러분에게 작은 선물을 드리겠습니다. 필기할 때 책받침으로 쓰세요."

어느새 테이블 위에는 책받침 네 개가 놓여 있었다. 태양계 천체들의 사진에 이름이 붙어 있는 책받침이었다.

아이들이 책받침을 살펴보고 있는 동안, 영물 상자는 불신과 의심의 불순 에너지를 갈무리한 채 흔적도 없이 사라져 버렸다.

수성
금성
지구
달
포보스
데이모스
화성
칼리스토
이오
목성
가니메데
에우로파
토성
미마스
판도라
천왕성
타이탄
아리엘
레아
이아페투스
미란다
해왕성
트리톤

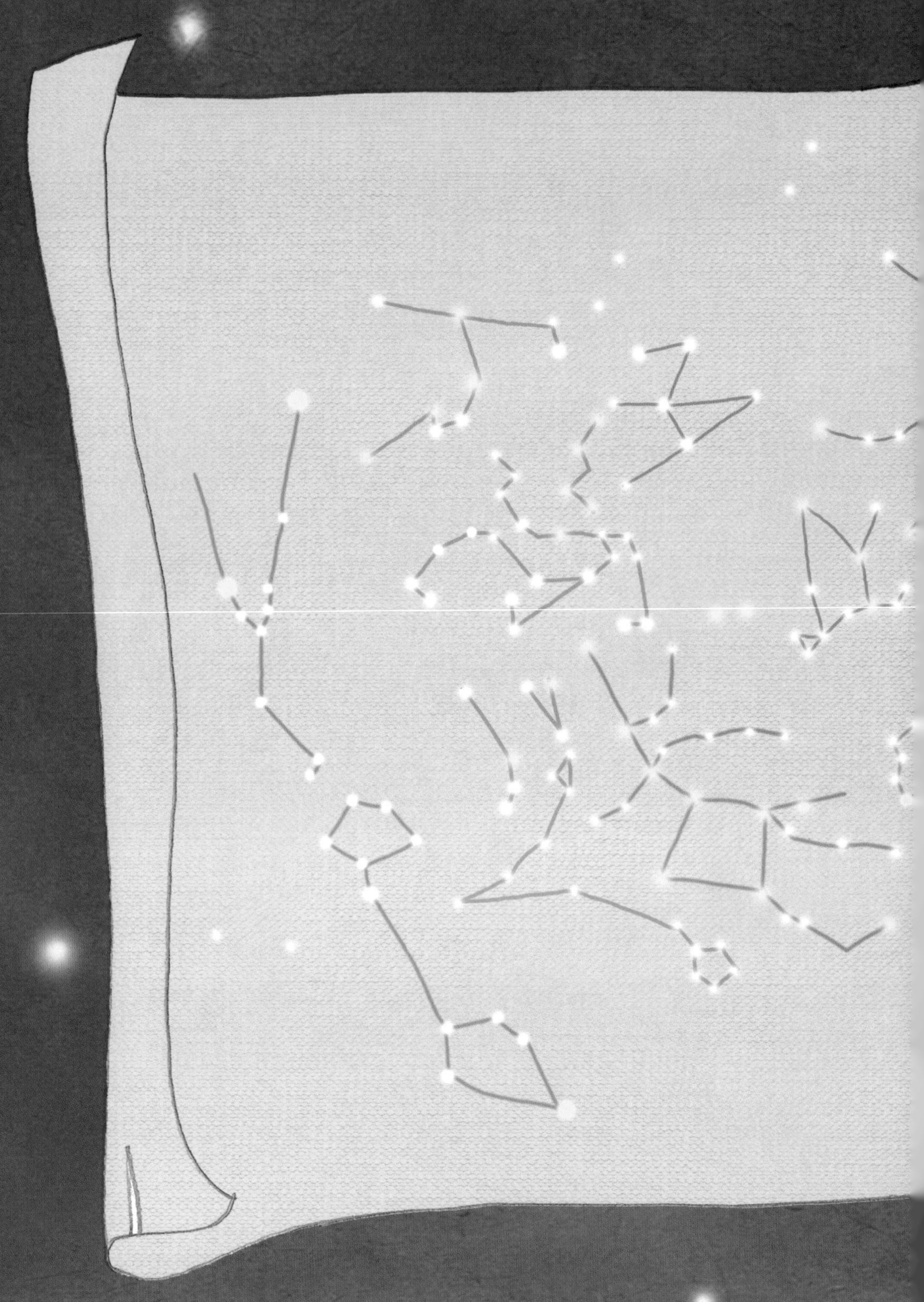

푸른색, 흰색, 노란색, 붉은색 등 다양한 색깔로 빛나는 별들은 천 억의 천 억 배나 되는 숫자로 우주 공간에 흩어져 있다.
태양보다 수백 배 이상 큰 별도 있고, 크기는 지구만큼 작으나 엄청난 질량을 가진 별도 있고, 이제 막 태어난 별도 있으며,
죽음의 문턱에 이른 별도 있다. 아득한 옛날부터 사람들은 별을 바라보며 온갖 별자리를 만들었고,
먼 길을 여행할 때 길잡이로 삼았다. 또한 별자리의 운행을 보면서 달력을 만들고 계절을 파악했다.
별들은 과연 우리의 태양과 어떤 차이가 있을까? 이 미션은 상징적 그림으로 된 수수께끼를 풀어 가는 과정이다.
별에 대한 지식이 있는 독자라면 주인공들의 도움 없이 문제를 해결해 보는 것도 흥미로울 것이다.

미션 2

지구과학 올림피아드가 시작된 첫날 새벽. 타이페이의 추옌칭 박사는 두근거리는 가슴을 진정시키며 연구실에 출근했다. 어두컴컴한 복도를 지나 연구실 문을 열자 황홀한 빛이 쏟아져 나온다.

"오! 이것이로구나! 오~! 호~!"

연구실 중앙 테이블 위에 놓여 있는 상자를 보며 추옌칭 박사는 감탄사를 연발했다. 금속인지 나무인지 재질을 알 수 없는 상자는 어둠 속에서도 영롱한 빛을 발하고 있었다. 추옌칭 박사는 상자를 만져 보고 싶어서 손을 내밀었지만, 무형의 반탄력이 손을 퉁겨 냈다.

"이런!"

추옌칭 박사는 다시 한 번 조심스럽게 손을 내밀었지만 소용이 없었다. 힘을 가하면 가할수록 반발력도 증가하는 것이 아닌가! 아이들이 오려면 한 시간은 더 기다려야 한다. 상자 표면에 어떤 문제가 쓰여 있는지 궁금하여 눈을 크게 뜨고 살펴보았지만, 그 어떤 표식도 발견할 수 없었다.

'음…….'

추옌칭 박사는 한 시간 동안 상자를 이리저리 살폈다. 그러나 아무 변화도 없었다.

인터폰에서 아이들의 목소리가 들렸다.

"박사님, 저희들 왔어요. 문 좀 열어 주세요!"

이윽고 연구실에 도착한 아이들이 상자 앞에 섰다. 아이들은 동시에 소리쳤다.

"어! 상자 표면에 문제가 쓰여 있어! 미션 2?"

"뭐라구?"

추옌칭 박사는 깜짝 놀랐다. 아무리 눈을 크게 뜨고 보아도 추옌칭 박사의 눈에는 아무것도 보이지 않는다.

"박사님 왜 그러세요? 미션 2 문제가 안 보이세요?"

창하오의 질문에 추옌칭 박사는 허탈한 표정을 지었다.

"나 같은 어른에게는 문제가 안 보이게 되어 있는 모양이구나. 거 참……."

이때 추옌칭 박사의 귀에 꿈속 노인의 음성이 들려왔다.

'추옌칭 박사, 당신은 이제 그만 퇴장하시오.'

추옌칭 박사는 무엇에 홀린 사람처럼 대답했다.

"네……, 알겠습니다."

노인의 음성은 추옌칭 박사의 귀에만 전달되었기 때문에 아이들은 추옌칭 박사가 혼자 중얼거리는 것 같았다. 창하오가 물었다.

"박사님? 뭐라고 하셨어요?"

추옌칭 박사는 희미하게 웃으며 말했다.

"이제 너희들이 미션 수행을 해야 할 때가 온 것 같구나. 나는 밖으로 나가야 할 시간이다. 그럼 모두의 건투를 빈다."

창하오, 씨쉬, 루이시엔, 뤼찡은 미션 2 문제를 풀기 위해 머리를 맞댔다.

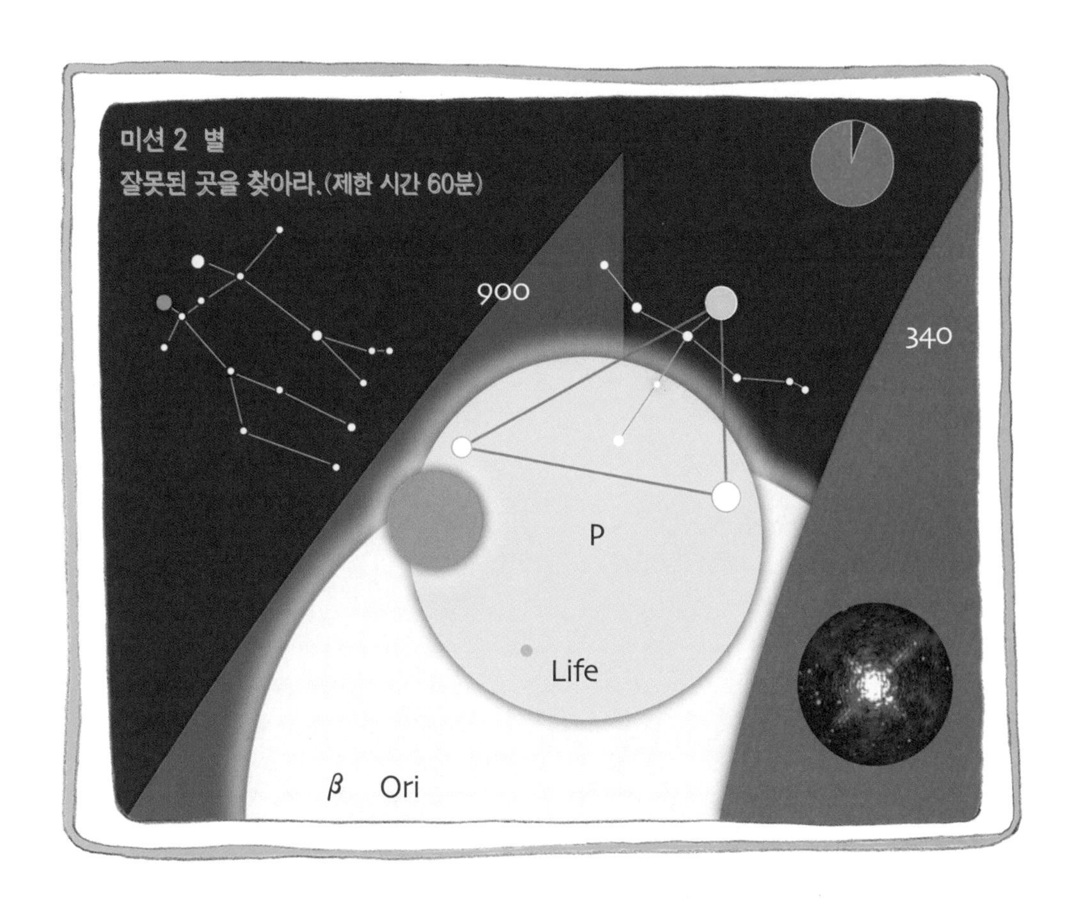

"안경 쓴 사람이 날개를 달고 있는 것처럼 보이네?"

"오른쪽 날개에 총알이 뚫고 지나간 흔적은 뭐야?"

"별이나 별자리 문제 같은데?"

"문자와 숫자는 뭘 뜻하는 것일까?"

창하오가 말했다.

"우리 역할을 분담하자. 별자리 모양, 문자와 숫자의 뜻, 도형의 의미, 그리고 색깔과 사진에 대해 각자가 조사한 후 의견을 종합해 보자구."

루이시엔이 말했다.

"그래, 그게 좋겠어. 나는 별자리를 맡을게."

뤼찡이 말했다.

"좋아, 나는 문자와 숫자에 대해 알아볼게."

"그럼……, 나는 색깔과 사진을 맡을까?"

씨쉬의 말이 끝나자, 창하오가 말했다.

"알았어. 그럼 내가 동그라미와 날개 모양이 무엇을 뜻하는지 알아볼게. 일단 도서관과 중앙 컴퓨터실로 자리를 옮겨서 각자 맡은 영역을 알아본 후 다시 모이자."

뤼찡이 물었다.

"제한 시간 60분이라는데, 시작 시간은 언제인 거야?"

"시작 시간……?"

문제의 그림을 뚫어지도록 쳐다보고 있던 씨쉬가 다급하게 말했다.

"아뿔싸! 그림 오른쪽 상단 초록색 도형을 봐! 우리가 토의를 시작했을 때는 그냥 동그라미였는데, 검은색 부분 면적이 차츰 늘고 있어. 저건 시계라고! 벌써 5분이 지났어!"

"어서 서두르자. 각자 위치로 뛰어!"

루이시엔은 연구실 도서관에서 성도와 별에 관한 책들을 탐독하기 시작했다. 뤼찡은 인터넷 검색을 통해 문자와 숫자의 의미를 알아내고자 했다. 씨쉬는 색깔이 의미하는 바를 이미 알고 있었다. 파랑, 하양, 노랑, 빨강은 온도에 따라 달라지는 별의 색깔 그 자체였기 때문이다. 다만 총알구멍과 같은 사진이 무엇을 의미하는지 알아내는 데 시간이 많이 걸렸다. 창하오는 자와 각도기, 컴퍼스를 이용하여 도형들을 측정했다.

아이들이 다시 모였을 때는 상자의 시곗바늘이 45분을 가리키고 있을 때였다. 루이시엔이 먼저 자신이 알아낸 바를 발표했다.

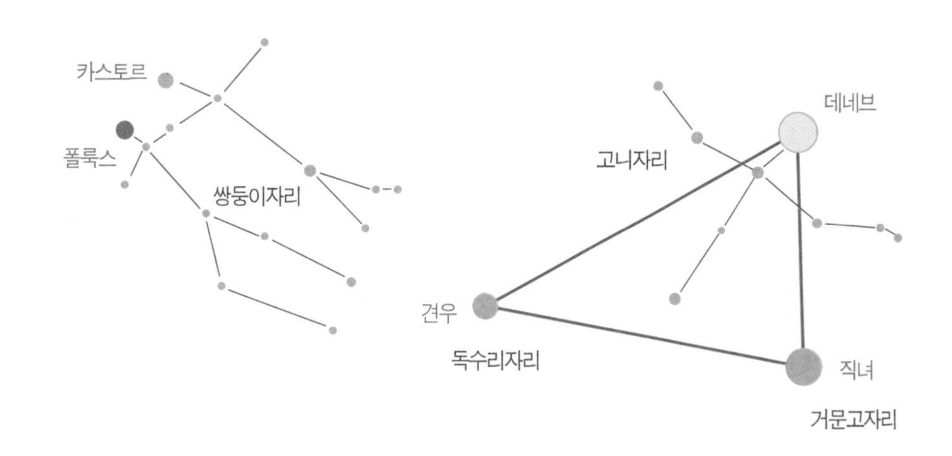

"왼쪽의 별자리는 우리나라 겨울철 별자리인 쌍둥이자리의 모습이고, 머리 부분의 두 별은 카스토르와 폴룩스야. 오른쪽은 고니자리와 여름철의 대삼각형 데네브, 직녀성, 견우성을 나타내고 있어."

씨쉬가 말했다.

"그림의 색깔은 별의 색깔을 나타내고 있어. 별은 표면 온도에 따라서 색깔이 달라지잖아. 청색, 청백색, 백색, 담황색(연한 노랑), 황색, 주황색, 적색은 별의 색깔이 틀림없어. 그리고 총알구멍처럼 보이는 사진은 피스톨 별pistol star이야."

뤄찡이 씨쉬에게 물었다.

"그걸 어떻게 알았어? 확실한 거야?"

"응, NASA와 허블 사이트에서 똑같은 사진을 찾아냈어."

창하오가 말했다.

"좋아! 나는 도형들을 모두 둥근 원이라고 가정하여 크기를

별의 색깔과 표면 온도

별의 색깔이 달라지는 것은 온도가 높아질수록 많은 양의 에너지를 방출하는 빛의 파장이 짧아지기 때문이다. 이를 식으로 표현하면 $\lambda_{max} = \frac{a}{T}$ (빈의 변위법칙)이며, λ_{max}는 가장 많은 양을 방출하는 파장, T는 별의 표면 온도, a는 비례상수이다. 따라서 별에서 많은 양의 에너지를 방출하는 빛의 파장 길이를 측정하면 별의 표면 온도를 알 수 있다. 청색의 별 표면 온도는 3만 도 이상이며, 백색의 별은 1만 도, 태양과 같은 황색의 별은 6천 도, 적색의 별은 3천 도 정도이다.

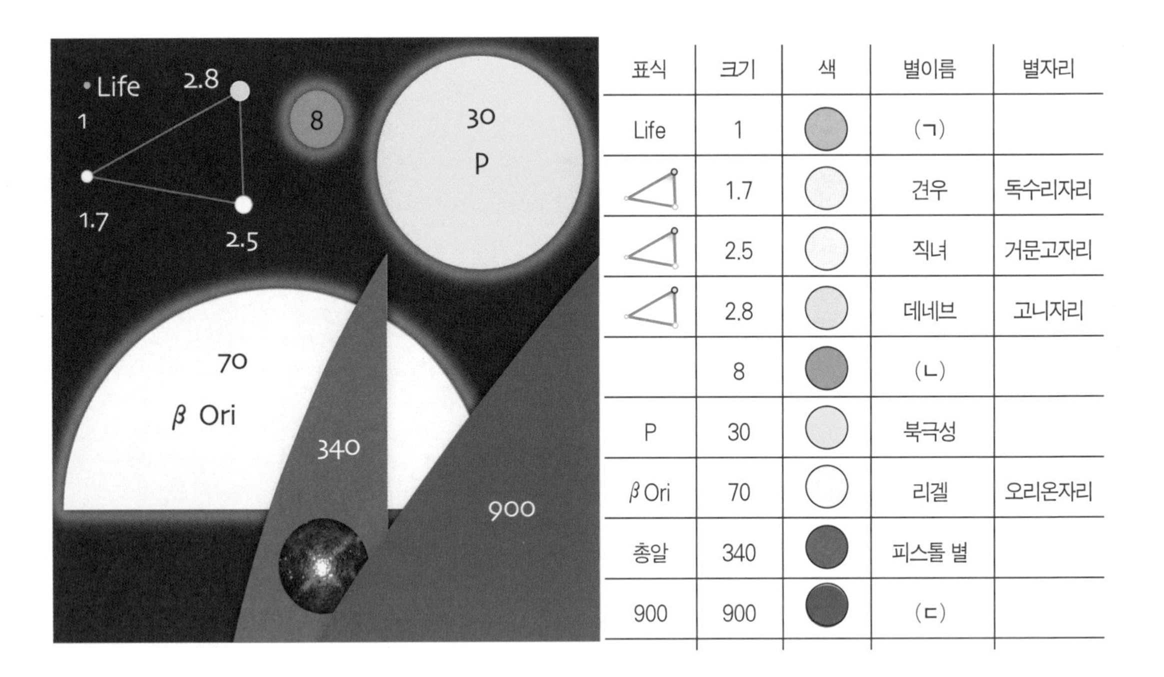

표식	크기	색	별이름	별자리
Life	1		(ㄱ)	
	1.7		견우	독수리자리
	2.5		직녀	거문고자리
	2.8		데네브	고니자리
	8		(ㄴ)	
P	30		북극성	
β Ori	70		리겔	오리온자리
총알	340		피스톨 별	
900	900		(ㄷ)	

구했어. Life라고 쓰인 글씨 옆에 작은 동그라미의 지름을 1이라고 보았을 때 나머지들의 크기는 그림과 같아. 340이나 900의 지름은 원으로 나타낼 수가 없으니까 잘라진 모양으로 표기한 것 같아."

뤼찡이 시계를 보면서 말했다.

"이런, 이제 5분밖에 안 남았어! 내가 알아낸 것은 β Ori가 오리온자리의 β별인 '리겔Rigel' 이라는 사실과 P가 북극성Polaris을 의미하는 것 같다는 정도야. 900의 의미는 창하오의 말대로라면 크기를 말하는 것인데, Life는 무슨 뜻인지 모르겠어."

루이시엔이 종이를 내밀며 말했다.

"지금까지 우리가 알아낸 사실들을 표로 정리해 봤어. (ㄱ), (ㄴ), (ㄷ) 빈칸을 채우고 답을 골라야 해. 시간이 없어 서둘러야 해."

"아, 알았다. Life는 생명을 주는 존재, 태양을 의미하는 거야. 태양은 노란색의 별이고, 북극성이 태양보다 30배 큰 별이니까. 그러니까 (ㄱ)에는 태양이 들어가야 마땅해."

씨쉬의 말을 듣고 루이시엔은 (ㄱ)에 태양이라고 써넣었다.

"그런데 오렌지색의 별은 왜 아무 표식이 없지?"

루이시엔이 책상을 치며 말했다.

"그래! 쌍둥이자리의 폴룩스가 오렌지색의 별이야. 색깔을 봐. 똑같지? 이제야 쌍둥이자리가 왜 그려져 있었는지 알겠어."

루이시엔은 (ㄴ)에 폴룩스라고 써넣었다.

노트북으로 인터넷 검색창을 두드리고 있던 창하오가 말했다.

"900배 적색의 별은 오리온자리 α별인 베텔게우스야."

뤼찡이 외쳤다.

"이제 시간이 1분도 채 안 남았어! 그래서 답이 뭐야?"

데네브와 태양의 크기 비교. 오른쪽이 태양이다.

창하오가 노트북 화면을 보면서 말했다.

"정답은 데네브!"

위키 백과 검색창에는 그림과 함께 설명이 달려 있었다. 'Deneb's radius range 200 to 300 times that of the Sun.'

"데네브의 반경은 태양의 200~300배."

"그렇구나! 데네브는 겨우 2.8배의 크기로 그려져 있었을 뿐이야. 게다가 별의 색깔도 하늘색이 아니라 흰색이야."

씨쉬가 말했다.

"그런데 답을 어디에다 적어? OMR 답안지는 없었나?"

바야흐로 상자의 초록색 원 시계가 모두 검은색으로 덮이기 직전이었다. 창하오, 뤼찡, 씨쉬, 루이시엔은 동시에 답을 외쳤다.

"정답은 데네브!"

순간, 영물 상자에서 엄청나게 밝은 빛이 쏟아져서 모두는 눈을 감았다. 세상이 하얗게 변한 듯 눈이 부셔서 도저히 눈을 뜰 수가 없었다.

달 기지에서 이 장면을 보고 있던 퉁가바우 교수는 껄껄 웃으며 박수를 쳤다.

"지구의 아이들이 제법 똑똑하구나! 게다가 한마음 한뜻으로 마음을 집중할 줄도 아는구나."

퉁가바우 교수의 학생들 중에 누군가가 물었다.

"교수님, 한마음 한뜻으로 집중한다는 말씀은 무슨 뜻인가요?"

"지구의 아이들이 데네브라고 동시에 외쳤을 때, 그들 마음의 주파수가 일치되어 공명이 일어났다. 사실 이번 문제의 답은 말로 외쳐서 인식되는 것이 아니라 텔레파시의 일치가 발생해야 정답으로 처리되는 것이었단다."

눈을 감고 있던 창하오, 씨쉬, 루이시엔, 뤄찡은 푸드득거리는 새의 날갯짓 소리를 들었다. 아이들은 동시에 눈을 떴다. 방 안을 가득 채우고 있던 하얀 빛과 영물 상자는 어느새 사라지고 없었다.

"저게 뭐야?"

상자가 사라진 자리에 하얀 고니 한 마리가 눈을 동그랗게 뜨고 앉아 있었다.

달 기지의 판도라 학생 토롱테이가 질문했다.

"퉁가바우 교수님, 만약 지구의 학생들이 정답을 찾지 못했다면 어떤 일이 일어났을까요?"

"아마도 별들이 상징하는 불길한 에너지가 지구에 퍼지게 되었을 게다. 쌍둥이자리의 카스토르와 폴룩스는 그리스신화에 나오는 제우스의 두 아들이다. 원래는 형인 카스토르의 밝기가 동생인 폴룩스보다 밝았는데, 지금은 폴룩스가 더 밝아졌다. 이는 서열의 뒤집힘을 의미한다. 동생이 형을 이기고, 아이가 어른을 무시하는 '오만'의 에너지가 영물 상자에 담겨 있었던 것이지. 베텔게우스와 리겔은 오리온자리에서 가장 밝

오리온자리

북반구 겨울철 남쪽 하늘에 커다란 방패연 모양으로 빛나는 별자리이다. 왼쪽 상단에 붉게 빛나는 별이 베텔게우스Betelgeuse, 오른쪽 하단에 청백색으로 빛나는 별이 리겔Rigel이다. 중앙에 보이는 세 개의 별을 삼태성이라고 부르는데, 중앙에서 약간 아래쪽 분홍색으로 부옇게 보이는 곳에 오리온 성운이 위치한다.

오리온자리

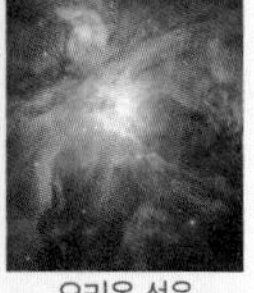
오리온 성운

은 두 별이다. 오리온은 그리스신화에 나오는 거인 사냥꾼이지. 거인은 '강대국'을 의미하고 피스톨 별은 '전쟁'을 상징한다. 북극성은 지구의 북반구에서만 보이는 별이니, '북반구'를 의미한다. 견우와 직녀는 칠월칠석 단 하루만 만나는 운명이라 사람들의 '헤어짐'을 뜻한다."

퉁가바우 교수의 말을 경청하고 있던 반니나가 중얼거렸다.

"지구의 북반구 강대국들이 오만하게 전쟁을 일으켜 사람들이 죽고 헤어지게 될 뻔했구나……. 고니는 평화를 상징하는 것일 테지."

퉁가바우 교수는 딴청을 부리고 있던 한 학생에게 대뜸 질문했다.

"딩가니! 파랑, 하양, 노랑, 빨강 별들의 표면 온도는 대략 얼마나 되는지 답해 봐라."

딩가니는 피식 웃으며 답했다.

"파랑은 $%#%*, 하양은 @#$( )……."

"잠깐!"

퉁가바우 교수는 딩가니의 말을 가로막았다.

"우리 판도라의 온도 체계가 아니라, 지구인의 온도 체계로 답해라."

딩가니는 어깨를 으쓱하며 모르겠다는 표정을 지었다. 퉁가바우 교수가 못마땅해하자 토롱테이가 대신 답했다.

"파랑은 3만K(절대온도) 이상, 하양은 1만K 정도, 노랑은 5천~6천K, 빨강은 3천K 정도입니다."

우주는 약 천억 개의 은하로 이루어져 있다. 은하는 모양에 따라 나선은하와 타원은하, 불규칙은하로 구별한다.
하나의 은하 속에는 다시 천억여 개의 별이 들어 있으며, 별의 재료가 되는 가스와 먼지의 덩어리 성운이 가득하다.
성운은 특성에 따라 발광성운, 반사성운, 암흑성운, 행성상성운 등으로 구분된다.
비록 인간은 작은 점에 불과하나 우리에게는 우주의 끝을 관찰할 수 있는 능력이 있다.
우리 인간은 우주적인 존재라는 자부심을 가져도 좋을 것이다.

한편, 일본 도쿄대학 혼고 캠퍼스에 위치한 고바야시 교수의 연구실. 올림피아드 일본 대표 학생들은 영물 상자의 미션 3 문제로 고민 중이었다.

침묵의 5분은 마치 1년처럼 길게 느껴진다. 상자 귀퉁이의 전광 시계가 09:59로 바뀌자 겐타로가 투덜거렸다.

"마법사, 독수리, 마녀, 에스키모……, 도대체 이들의 과거 흔적을 보여 달라니 무슨 문제가 이래?"

겐타로의 불평이 미처 끝나기도 전에 시즈미가 손뼉을 탁 치고는 말했다.

"하치로! 아유미! 우주 망원경 사이트에 접속해!"

"우주 망원경 사이트?"

"그래, 허블Hubble이나 스피처Spitzer 사이트에 접속하라구. 상자에 쓰여 있는 단어들은 모두 천체의 이름이야."

겐타로가 볼멘소리로 말했다.

"그 정도는 나도 짐작하고 있었다구! 그런데 과거 흔적을 보여 주라니 그게 무슨 소리인지 모르겠어!"

시즈미가 허블 사이트에 접속을 시도하면서 말했다.

"지구에서 100광년 거리에 있는 별을 우리가 보고 있다면, 그 별빛은 100년 전의 빛이라는 사실을 잊어버렸어?"

하치로가 말을 이어 받았다.

"그래 맞다! 하늘의 천체는 모두 과거의 모습이야. 인터넷에 실려 있는 사진은 별의 빛 에너지가 남겨 놓은 흔적이지."

이미 허블 사이트에 접속한 시즈미가 말했다.

"겐타로! 너는 빨리 프로젝터를 켜!"

"프로젝터는 왜? 사진이 필요하면 인쇄기를 켜야지."

"인쇄할 시간이 없어. 더구나 사진 크기가 안 맞으면 컴퓨터로 조정해야 할 것 아니니."

"어……, 그렇구나."

"어서 서둘러! 시간이 없어."

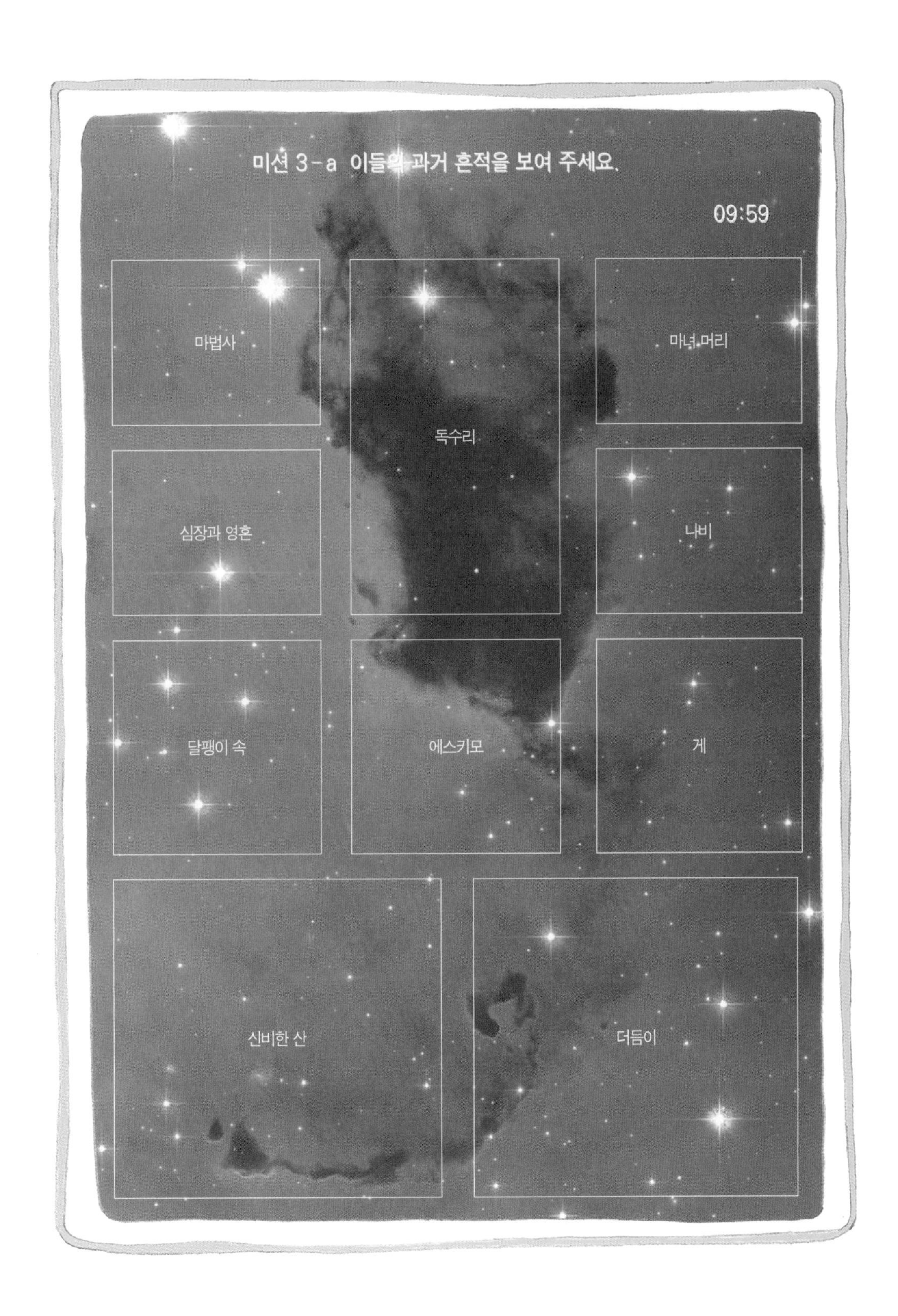
미션 3-a 이들의 과거 흔적을 보여 주세요.
09:59
마법사
독수리
마녀 머리
심장과 영혼
나비
달팽이 속
에스키모
게
신비한 산
더듬이

"하치로! 너 영어 잘하지? 상자에 쓰여 있는 단어들 스펠링을 불러 봐! 사이트가 영문으로 되어 있어서 찾기가 쉽지 않네. 아~, 아~, 어서! 빨리!"

하치로는 미국에서 태어난 교포였다.

"아… 알았어. 마법사는 Wizard, 독수리는 Eagle, 마녀 머리는 Witch head, 심장과 영혼은 Heart and Soul, 나비는 Butterfly, 에스키모는 Eskimo, 게는 Crab, 신비한 산은 Mystic mountain, 더듬이는 Antenna, 음…… 달팽이 속? In the spiral?"

"좋았어!"

시즈미는 마법사, 독수리, 마녀 머리를, 아유미는 심장과 영혼, 나비, 에스키모를, 하치로는 게와 신비한 산을 찾아냈다. 시즈미는 찾아낸 사진 파일들을 그림판에 불러 모아 배치를 시작했다.

"애들아, 그런데 달팽이 속과 더듬이는 아직 못 찾았니?"

하치로가 말했다.

"방금 더듬이 찾았어! Antenna가 아니라 스펠링이 복수형 Antennae로 되어 있었어. 그런데 달팽이 속은 안 나오네? 뭐가 잘못 되었나?"

프로젝터의 빔을 영물 상자에 정확하게 맞추느라 낑낑대던 겐타로가 외쳤다.

"애들아, 1분 남았어! 마지막 빈 칸에 이미지를 빨리 붙여 넣어."

하치로, 시즈미, 아유미는 'In the spiral' 문자를 계속 두드렸지만, 나선은하spiral galaxy 사진만 수두룩하게 뜰 뿐, 상자에 꼭 맞는 이미지는 찾을 수가 없었다.

"아……, 아……, 어쩌지!"

30초가 남았을 때 아유미는 눈물이 글썽글썽했다.

"야! 왜 그래? 빨리 이미지를 붙여 넣으라니까!"

하치로가 머리를 쥐어뜯으며 울부짖었다.

"아! 달팽이 속이 뭐냐! 왜 안 나와! 달팽이 속!"

겐타로가 멍한 표정을 짓더니 말했다.

"달팽이 속屬 Helix?"

"뭐? Helix?"

시즈미가 번개처럼 자판을 두드렸다.

Helix

나선, 나선형의 것, 귓바퀴, 달팽이 속屬. 여기서, 속屬은 과科와 종種 사이의 생물학적 분류 등급이다.

※ 참고:생물의 계통 분류법

도메인Domain 〉 계界. Kingdom 〉 문門. Phylum, Division 〉 강綱. Class 〉 목目. Order 〉 과科. Family 〉 속屬. Genus 〉 종種. Species

"아! 있다!"

시즈미는 재빨리 이미지를 카피하여 빈칸으로 남아 있던 달팽이 속에 붙여 넣었다.

5, 4, 3, 2, 1! 마지막 카운트의 순간, 빔 프로젝터의 영상은 영물 상자의 문제에 정확하게 투사되었다.

> **성운nebula**
> 가스와 먼지 등 성간물질이 구름처럼 모인 것으로서 특징에 따라 발광성운, 암흑성운, 반사성운, 행성상성운 등으로 분류한다.

"아! 제발 정답이기를……."

1초, 2초, 3초……. 예정된 제한 시간이 지났는데도 영물 상자는 아무 변화가 없다.

"응? 왜 아무 반응이 없지?"

눈물이 그렁그렁한 채 화면을 응시하던 아유미가 외쳤다.

"아! 미션은 아직 끝난 것이 아니야! 화면은 그대로인 채 문제만 바뀌었잖아! 제한 시간 1분짜리야!

"미션 3-b 별이 가장 많은 집단을 찾아 클릭?"

겐타로가 화난 듯이 말했다.

"뭐~야! 저 성운 속에 별이 몇 개나 들어 있는지 어떻게 알아."

"겐타로! 생각 좀 하게 조용히 해 봐."

시즈미가 화면을 보며 중얼거렸다.

"마법사, 심장과 영혼은 가열된 가스가 방출하는 빛이 밝으니 발광성운emission nebula 이고, 독수리와 신비한 산은 티끌이 많이 뭉쳐 어두컴컴한 것이 암흑성운dark nebula 이야. 마녀 머리 성운은 주위의 별빛을 반사하여 푸르게 보이는 반사성운reflection nebula 이고, 나비, 달팽이 속, 에스키모는 별이 죽어 가면서 방출한 가스가 퍼지는 모양이니까 행성상성운planetary nebula 이야. 게도 별이 폭발한 것처럼 보이니까……, 아무튼 아닌 것 같고……, 그래! 더듬이가 유력해! 빨리 검색해 봐!"

아유미가 더듬이를 검색창에 띄우며 말했다.

"더듬이는 galaxy로 분류되어 있어!"

시즈미가 외쳤다.

"오케이! galaxy는 은하니까 적어도 몇 백억 개 이상의 별로 구성되어 있는 집단이야! 정답은 더듬이! 하하."

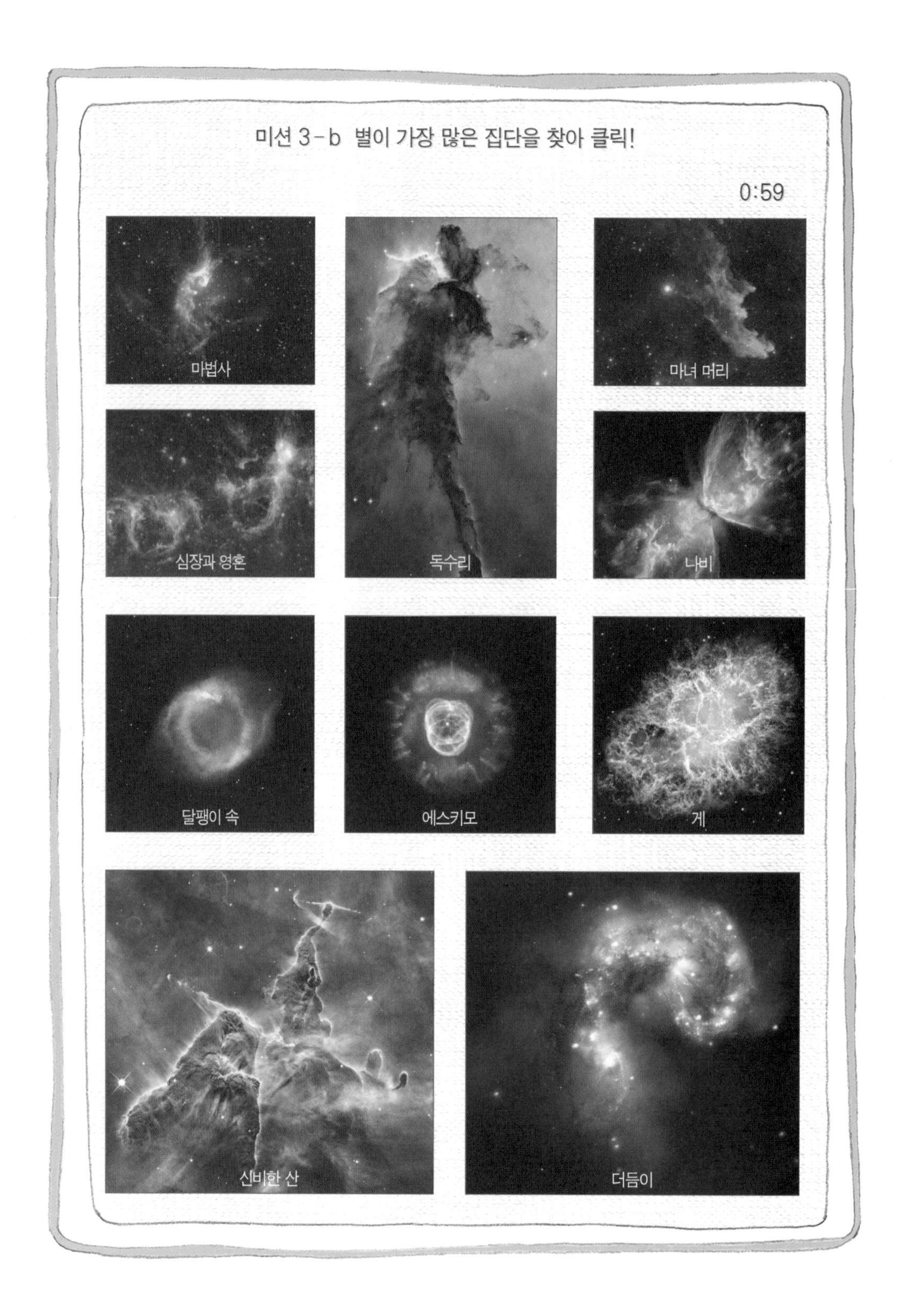
미션 3-b 별이 가장 많은 집단을 찾아 클릭!
0:59
마법사
독수리
마녀 머리
심장과 영혼
나비
달팽이 속
에스키모
게
신비한 산
더듬이

시즈미는 조심스럽게 더듬이 사진을 클릭했다.

그런데 영물 상자는 처음에 그랬던 것처럼 조용하기만 하다.

"문제가 또 나오려나? 왜 또 아무 변화가 없는 거야?"

"……."

관찰력 좋은 하치로가 먼저 상자의 변화를 눈치채고 외쳤다.

"앗! 저것 좀 봐! 상자에 비친 영상에서 검은 연기가 솟아오르고 있어!"

"정말?"

스멀스멀 피어오르던 연기는 어느새 꾸역꾸역 흘러나오기 시작했다.

'우리 답이 틀린 거 아니야?'

아유미, 겐타로, 하치로는 너무 긴장이 된 나머지 석상처럼 굳어 꼼짝도 할 수가 없었다. 시즈미는 머리를 가로저으며 입술을 깨물었다.

'그럴 리가 없어……. 우리는 틀리지 않았어.'

순간, 빙글빙글 상자 위를 맴돌던 검은 연기가 돌연 흉흉한 마법사의 얼굴 형태로 뒤바뀌더니 음산한 웃음소리를 냈다.

"크크크크, 크크크크."

모두 호흡이 멎는 듯했다. 시즈미만 입을 여전히 굳게 다물고 연기 형상을 노려보고 있을 뿐, 나머지는 모두 얼빠진 얼굴이다.

그런데, 다음 순간 연기의 형상은 또 뭉클뭉클 변하기 시작했고, 잠시 후 독수리 형상으로 변모했다. 독수리는 날카로운 눈으로 아이들을 힐끗 쳐다보더니 날개를 푸드득거렸다.

"으음……."

아이들의 입에서 신음이 흘러나왔다.

'이게 무슨 조화냐?'

시즈미는 호랑이에게 물려 가도 정신만 차리면 산다는 속담을 떠올리며 침착하려 애썼다. 다행히도 독수리는 날아오르지 않았다. 대신 푸르스름한 마녀의 얼굴로 변했다. 마녀는 긴 갈고리처럼 생긴 손을 아이들에게 펼쳐 보였다.

은하galaxy

은하는 수많은 별(약 천억 개)들과 성운으로 이루어진 섬에 비유할 수 있다. 은하는 생긴 형태에 따라서 나선은하, 타원은하, 불규칙은하로 구분되며, 나선은하는 핵의 모양의 따라 정상 나선은하와 막대 나선은하로 구분된다.

정상 나선은하

막대 나선은하

타원은하

불규칙은하

"악!"

아이들은 모두 비명을 질렀다. 마녀의 손바닥에 피가 뚝뚝 떨어지는 심장이 벌떡거리고 있었기 때문이다. 흑흑흑. 마녀는 울음소리를 내며 웃었다. 잔뜩 겁에 질려만 있던 아유미가 소리를 빽 질렀다.

"닥쳐! 이 마귀할멈아!"

아유미의 고함에 마녀는 찔끔 놀란 표정을 짓더니 안개처럼 흐릿해지기 시작했다. 이윽고 안개마저 사라진 자리에는 홀연 난쟁이 에스키모가 나타났다. 난쟁이 에스키모는 미소를 지으며 말했다.

"시즈미, 아유미, 겐타로, 하치로 수고했다. 신비의 산에 살고 있는 나비와 달팽이, 게는 내가 데려갈게. 행운을 빈다. 굿바이."

에스키모는 아이들을 향해 윙크를 하더니 스르르 하얀 연기로 변했고, 다시 새끼줄 가닥처럼 가늘어지더니 순식간에 더듬이 사진 속으로 휘리릭 빨려 들어갔다. 그러고는 조용해졌다.

"아……, 이제 끝난 건가?"

시즈미가 중얼거리자 아유미, 겐타로, 하치로는 자리에 털썩 주저앉았다. 겐타로가 힘없는 소리로 말했다.

"두 번 다시 이런 문제를 풀다가는 미쳐 버리고 말 거야."

이때였다. 풍선이 터지듯이 '펑' 소리가 나더니 영물 상자가 증발해 버렸다.

이어 살랑살랑 향기로운 바람이 부는가 싶더니 입체 영상과 함께 아름다운 선율의 음악이 흐르기 시작했다.

"아……, 행복해……."

시즈미, 아유미, 겐타로, 하치로는 꿈에 취해 우주 공간을 날아가는 듯 황홀감을 느꼈다.

스테판의 5중주

달 기지에서 이 장면을 보고 있던 퉁가바우 교수와 학생들은 환호성을 질렀다.

"와! 브라보!"

토롱테이가 퉁가바우 교수에게 물었다.

"이번 미션에서는 왜 이렇게 고생을 시킨 건가요?"

"지구 아이들의 용기와 담력을 시험하기 위해서였다. 용기 없는 지식은 쓸모가 없기 때문이지. 답을 맞히고도 공포에 질려 아이들이 용기를 잃었다면 영물 상자의 봉인이 풀려 버렸을 거야. 만약 그렇게 되었다면 마법사의 속임수와 마녀의 흉계 에너지가 지구에 퍼졌을 게다. 지구인들은 독수리에게 심장을 파 먹히는 것처럼 엄청난 고통을 겪게 되었을 것이고……. 나비는 연약함을, 소라와 게는 딱딱한 껍질 속에 숨어 버리는 은둔 생활을 의미하는 것이지."

반니나가 물었다.

"교수님, 아까 시즈미가 문제를 풀 때 게성운이 어떤 종류인지 정확하게 말하지 않았는데요. 저도 잘 모르겠어요. 설명해 주실 수 있어요?"

퉁가바우 교수는 머리를 끄덕였다.

"게성운은 발광성운의 한 종류로 볼 수 있는데, 초신성 폭발로 인한 잔해 물질이 확산되는 현상이야. 이 초신성의 폭발은 서기 1054년에 일어난 것으로 대낮에도 밝게 빛났다고 한국과 중국, 일본의 역사 기록에 남아 있지."

이번에는 퉁가바우 교수가 반니나에게 물었다.

"마지막 영상은 은하 5개가 중력에 의해 충돌하는 장면이란다. 스테판의 5중주라는 이름이 붙어 있지. 스테판의 5중주는 어떤 의미를 상징하는 것일까?"

"은하끼리 충돌하여 새로운 탄생이 시작되니까 '창조' 아닐까요?"

"그래, 네 말도 일리가 있구나. 은하 5개는 서로 다른 모양, 서로 다른 형태의 존재가 모여 화합을 이루어 가는 과정을 나타내는 것이란다."

"아……, '창조의 어울림' 이 더 좋을 것 같아요."

퉁가바우 교수는 영특한 제자를 자애로운 눈길로 바라보며 고개를 끄덕였다.

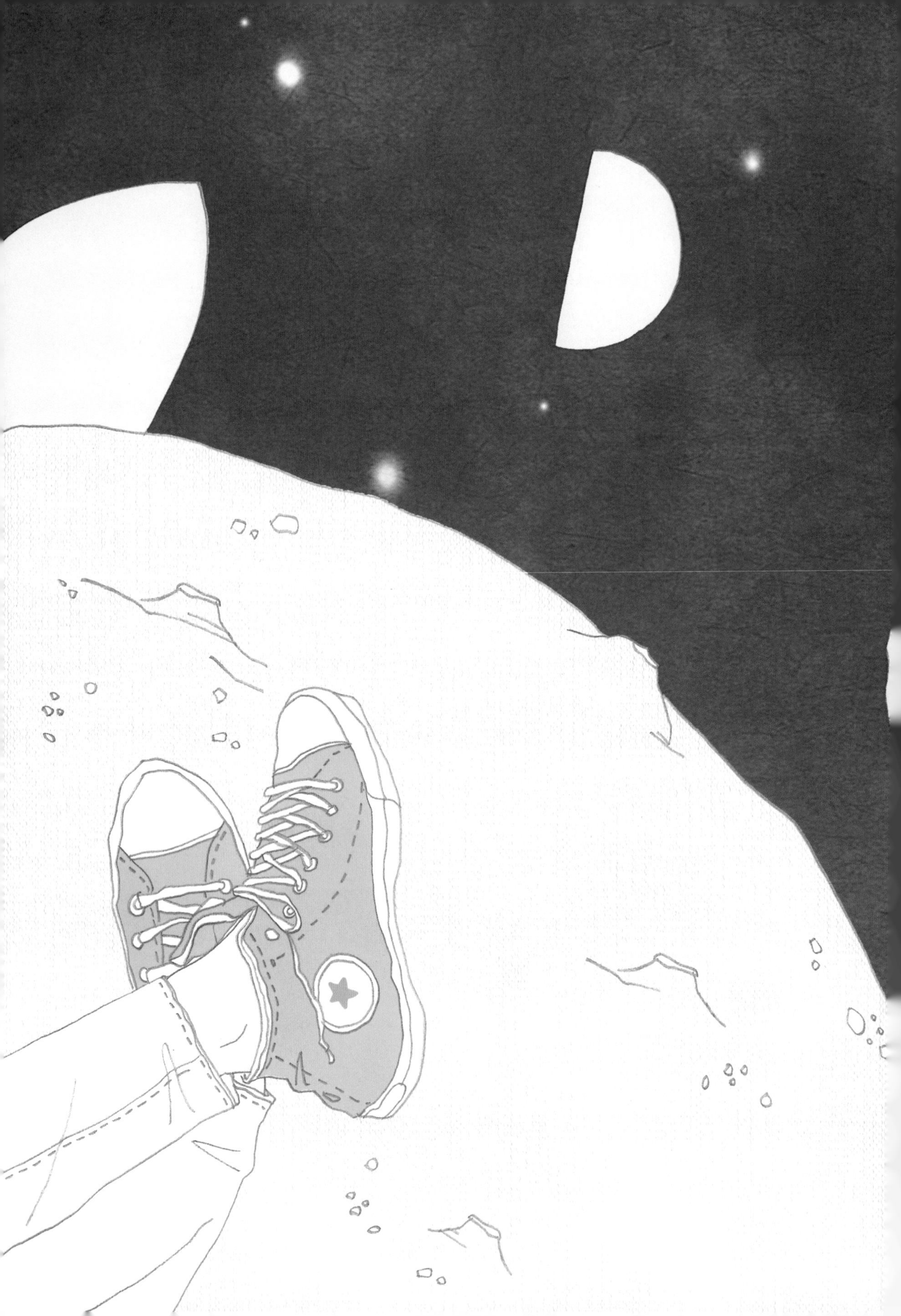

미션 4

지구의 위성인 달은 위성치고는 매우 큰 천체이며 거리도 먼 편이다.
그래서 달은 지구의 동반성이라 불리기도 한다.
만약 지구에 달이 없다면 지구는 얼마나 외로울까?
달이 없다면 지구의 모습 또한 매우 달라졌을 것이다.
달에 의해 발생하는 조력 에너지는
태양 복사에너지, 지구 내부에너지에 이어서
지구의 3대 에너지원 중 하나이다.
지구의 모든 바닷물이 달의 인력에 의해 끌어당겨지고 있으며,
이로 인해 지구의 바닷물은 하루에도 수 미터씩 상승·하강하며
밀물과 썰물을 일으키고 있다.
달에 대한 이해는 우리를 지혜롭게 할 뿐만 아니라
정서적인 풍요도 함께 선사할 것이다.

오전 11시 뉴욕에서 비행기를 탄 미셸과 제이슨이 런던에 도착한 것은 오후 7시경. 활주로 서쪽 하늘에는 반달이 빛나고 있었다. 입국 수속을 마치고 공항 라운지로 나오는 미셸과 제이슨을 중년의 영국 신사가 반갑게 맞이했다.

"하이, 미셸. 하이, 제이슨."

지구과학 올림피아드 위원 테닐 박사였다. 테닐 박사는 뒤쪽에 서 있던 두 학생을 미셸과 제이슨에게 소개했다.

"인사해라. 이쪽은 보니타, 이쪽은 올리버."

"반가워, 미셸, 제이슨."

"런던에 온 걸 환영해."

올림피아드 미국 대표 미셸과 제이슨, 영국 대표로 뽑힌 보니타와 올리버. 네 명의 학생은 테닐 박사의 승용차를 타고 런던의 한 교외로 향했다. 미셸이 물었다.

"어디로 가는 거지?"

아름다운 갈색 머리 보니타가 눈웃음을 지어 보이며 대답했다.

"테닐 박사님의 개인 천문대로 가는 거야. 산 중턱에 있어서 공기가 정말 좋아."

여장을 푼 일행은 테닐 박사가 손수 만든 저녁 식사를 먹고 망원경으로 달을 관측했다. 반달이 어느새 서쪽 지평선 가까이 넘어가려 하고 있었다.

망원경의 종류
광학 망원경은 볼록렌즈로 빛을 모으는 방식의 '굴절망원경'과 오목거울로 빛을 모으는 방식의 '반사망원경' 두 종류가 있으며, 파장이 긴 전파를 포착하기 위해 만든 '전파망원경'이 있다. 최초의 굴절망원경은 갈릴레이가 제작하였으며, 반사망원경은 뉴턴이 제작하였다.

테닐 박사가 말했다.

"우리 팀에게는 아마도 달 문제가 주어질 것 같구나. 한국, 중국, 일본에서는 태양계, 별, 은하와 성운에 관한 문제가 출제되었다고 들었어. 그러니까 달에 대해 공부를 해 두는 것이 좋을 거야."

제이슨이 노래 가사를 시처럼 읊었다.

"Bella luna, my beautiful moon. How you swoon me like no other.~아름다운 달님, 나의 아리따운 달님. 다른 누구보다 나를 황홀하게 해~."

제이슨은 그러고 나서 보니타에게 슬쩍 윙크했다. 보니타가 피식 웃었다. 그러자 미셸이 한마디 한다.

"바람둥이는 딱 질색이야."

제이슨이 서둘러 변명했다.

"아니야. 이건 Bella luna 노래 가사의 한 소절이야. 난 말이야……, 달에 관한 영상이 떠올랐을 뿐이라구! 넌 영화도 안 봤어? '뉴 문New moon – 이클립스eclipse' 말이야. 나는 개봉 첫날에 연속해서 두 번이나 봤어."

미셸이 맞받아쳤다.

"아~, 네~에, 그러세요~. 여주인공 벨라 스완하고 춤추는 상상이라도 하셨나요?"

테닐 박사가 헛기침을 하고는 말했다.

"지금 우리 앞에 떠 있는 저 상현달이 언제 뜨고 지는지 말해 보렴."

이제까지 잠자코 있던 올리버가 말했다.

"낮에 떠서 한밤중 자정 무렵에 집니다."

"뜨고 지는 방향은?"

"해나 달이나, 별이나 모두 마찬가지예요. 동에서 떠서 서쪽으로 집니다."

"그래, 지구가 자전하기 때문에 일어나는 겉보기운동이라는 거 다들 알고 있을 거다."

테닐 박사가 제이슨의 어깨를 툭 치며 물었다.

"제이슨, 아직도 벨라 생각 중인가? 그래 뉴 문은 언제 보이나?"

제이슨은 머쓱하니 대답했다.

"뉴 문은 볼 수 없죠."

"왜지?"

제이슨이 피식 웃었다. 명색이 지구과학 올림피아드 대표인데, 어찌 자기에게 초등학교 수준의 질문을 하느냐는 표정이다.

"뉴 문은 음력 초하루가 시작되는 날, 달의 위상이 '삭'인 경우를 말하니까요. 달이 지구 주위를 공전하다가 태양 방향에 놓일 때, 태양과 함께 떠 있는 어두운 달을 맨눈으로 어찌 볼 수 있겠어요."

"그럼, 달의 이클립스(Lunar eclipse : 월식)는 언제 일어날 수

달의 위상

달의 위상은 삭(음력 1일) – 초승달 – 상현달(음력 8일경) – 망(보름달, 음력 15일경) – 하현(음력 22일경) – 그믐달 – 삭의 과정을 약 29.5일의 주기로 반복한다.

월식과 일식

월식은 달이 지구의 그림자에 의해 가려지는 현상이며, 망(보름달)일 때 일어날 수 있다.
일식은 태양이 달에 의해 가려지는 현상이며, 삭일 때 일어날 수 있다.
월식이나 일식이 매월 반복되지 않는 이유는 달의 공전궤도와 지구의 공전궤도가 약 5°의 각을 이루고 있기 때문이다.

있나?"

"보름달일 때 가능하죠. 개기월식과 부분월식이 일어나는 원리도 설명할까요?"

"됐네. 그만하게."

사실 테닐 박사는 제이슨이 찢어진 청바지에 카우보이모자를 쓰고 공항에 나타났을 때부터 내심 염려하고 있었다. 영국 신사의 눈에는 거슬리는 복장이었던 것이다. 그래서 슬쩍 테스트를 한 것이었다.

테닐 박사는 달 관측 가능 시간에 대해 설명했다.

"달은 모양이 둥글면 둥글수록 밤에 관측할 수 있는 시간이 길어진다. 보름달은 초저녁에 떠서 아침 해가 뜰 때 지니까 밤새 관측할 수 있지. 상현달은 초저녁부터 자정 무렵까지, 하현달은 자정부터 아침 해 뜨기 전까지 볼 수 있다. 초승달은 초저녁에 잠시 볼 수 있고, 그믐달은 새벽에 잠깐 볼 수 있지. 그러니까 달은 위상이 클수록 밤에 볼 수 있는 시간이 늘어나는 거란다."

제이슨이 말했다.

"아하, 그래서 뱀파이어들이 보름날을 좋아하는군요. 밤에도 환해서 잘 보일 테니까. 하하."

미셸이 허리춤에 손을 얹고 미간을 찌푸리며 말했다.

"제이슨! 너 자꾸 옆길로 샐래? 테닐 박사님 말씀을 경청해야지!"

보니타가 웃으며 말했다.

"너희들은 참 솔직하고 쾌활하구나. 하고 싶은 말이 있으면 그 즉시 해 버리는 거 보기 좋은걸!"

제이슨은 보니타에게 엄지를 들어 보였다.

올리버가 테닐 박사에게 물었다.

"테닐 박사님, 달의 위상 변화에 대해 정리한 자료가 있을까요?"

"아무렴, 내 컴퓨터에 자료가 있으니까 뽑아 줄게. 밤이 깊었으니 이제 들어가자꾸나."

올리버는 테닐 박사가 프린트해 준 달의 위상 자료를 받아들고 침실로 돌아왔다. 거실에서는 제이슨이 미국 이야기를 들려주고 있는 중이었다. 이야기가 재미있는지 보

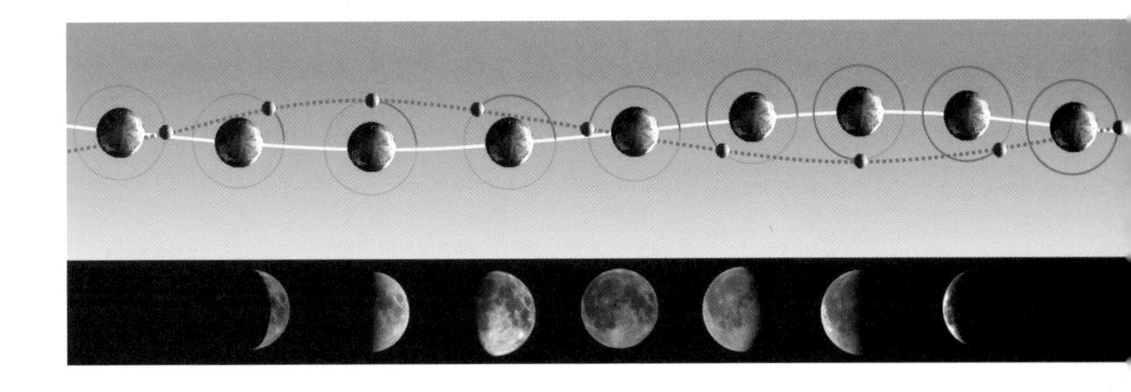

니타의 웃음소리가 그치지 않는다.

올리버는 동요를 흥얼거리며 침대 위에 엎드려 달의 위상 그림을 펼쳤다.

"Twinkle, twinkle little star. How I wonder what you are! (반짝반짝 작은 별…, 아름답게 빛나지!)"

올리버는 그림을 보며 자기 자신에게 설명했다.

"New Moon은 음력으로 달이 시작되는 날이야. 그믐에서 초승으로 바뀌는 날, 달이 태양 방향에 있어서 보이지 않아. 달이 삭아서 '삭' 이라고 하나?

Crescent는 초승달이야. 초저녁에 볼 수 있지.

First Quarter는 상현달이야. 4분의 1에 해당하니까 음력 8일경이지.

Waxing Gibbous는 반달보다 더 뚱뚱해진 달이야. 음……, 달이 매일 왁스를 발라 두툼해진다는 표현인 것 같군.

Full Moon은 보름달이지. '망' 이라고 부르는 날이야. 중국 시인이 호수에 비친 달을 건지려다 풍덩 빠졌다던데, 참 낭만적인 사람이었나 봐. 보름달은 밤새도록 환하게 빛나니까 그날 장이 섰던 거구나. 전기도 들어오지 않는 시골 밤길을 가기에는 보름밤처럼 좋은 날이 없지.

Last Quarter는 하현달이야. 자정에 지평선 위로 떠서 한낮 정오 무렵에 서쪽 지평선으로 지는 달이야. 음……, 그래서 아침 해가 떴는데도 어렴풋이 중천에 보일 때가 있구나. 그런데 이상하네? 그믐달을 초승달과 같은 단어 Crescent로 적어 놓았네? 그믐달은 핏기 없는 달이라는 뜻으로 Waning Moon, 오래된 달이라는 뜻으로 The Old

Moon, 또는 어두운 달이라는 뜻으로 Dark Moon이라고 부르는데 말이야……."

자기도 모르게 스르르 잠이 들었던 올리버는 산새가 지저귀는 소리를 듣고 눈을 떴다. 어느새 아침이었다. 올리버는 눈을 비비며 문을 열고 거실로 나왔다. 욕실에서 샤워를 마치고 나오던 미셸이 올리버를 보고 인사한다.

"굿모닝, 올리버. 일찍 일어났네."

미셸은 타월만 두른 채였다. 올리버는 얼굴이 빨개졌는데, 미셸은 아무렇지도 않은 듯 당당하다. 올리버는 더듬거리며 말했다.

"어……, 나…… 2층 서재에…… 볼 일이 있어……."

올리버는 공연히 죄진 사람처럼 계단을 후다닥 뛰어 올라갔다. 서재에 들어선 올리버는 문을 쾅 닫고 숨을 몰아쉬었다.

"휴~, 미국 애들은 부끄러운 것도 모르나 봐……."

미셸의 미끈한 다리가 눈앞에 아른거려서 올리버는 머리를 좌우로 흔들었다.

갑자기 올리버의 눈이 휘둥그레졌다.

"앗! 저것은?"

마치 달을 반으로 잘라다 놓은 듯한 반원형의 물체가 서재의 한쪽 구석에서 은은한 광채를 뿌리고 있었다.

"아……, 저것이 판도라의 영물 상자로구나!"

아침도 못 먹은 네 아이가 영물 상자 앞에 모였다.

어디선가 바람결에 실려 온 듯 매혹적인 여인의 목소리가 들려왔다.

"올리버, 제이슨, 미셸, 보니타. 여러분을 보게 되어 반갑습니다."

장난끼가 발동한 제이슨이 보니타에게 귀엣말로 속삭였다.

"저건, 달의 여신 루나의 목소리야."

그러자 목소리의 주인공이 깔깔 웃으며 말했다.

"호호호호, 제가 루나라구요? 호호호, 그래요. 그거 나쁘지 않군요. 여러분은 앞으로 저를 루나라고 부르세요. 호호호호."

머쓱해진 제이슨은 어금니가 드러나게 씩은 미소를 지었다.

"자, 그럼 이제부터 미션을 진행하겠습니다. 여러분은 순서대로 주어지는 그림을 보고, 제시된 문장을 주제로 글을 완성하여야 합니다. 제한 시간 판정은 상황에 따라서 저 루나가 판단할 것입니다. 엿장수 마음대로지요. 호호호."

말이 끝나자 반달형 상자 위에 첫 번째 그림이 나타났고, 그림 속에서 잉크와 펜이 튀어나와 둥실 떠올랐다.

제이슨이 그림 오른쪽의 포스터에 시선을 두고 말했다.

"저 여자가 루나인가?"

딴청 부리는 제이슨이 밉살스러워 미셸은 눈을 흘기면서 허공에 떠 있는 펜을 집었다. 그리고 잉크를 찍으며 말했다.

"내가 먼저 말로 서술하고 그다음에 펜으로 답을 쓸 거야. 혹시 잘못된 부분이 있으면 너희들이 짚어 줘."

보니타와 올리버가 고개를 끄덕였다. 미셸은 자신이 생각하는 답을 또박또박 읊기 시작했다.

"만약 지구가 외톨이였다면, 즉 해나 달이 없었다면 조석 현상이 일어나지 않을 것이다. 조석 현상은 달과 해가 끌어당기는 힘(만유인력)에 의해 바닷물이 상승·하강하는

만유인력
두 물체의 질량에 비례하고, 두 물체의 무게중심 거리의 제곱에 반비례하는 힘이다.

$F=G\frac{m_1m_2}{r^2}$ (F: 만유인력, G: 상수, m: 질량, r: 거리)

남중
지구의 자전 때문에 해와 달, 별들은 모두 동쪽 지평선에서 떠서 남쪽 하늘을 지나 서쪽 지평선 아래로 움직이는 것처럼 보이는데 이를 일주 운동이라고 하며, 어떤 천체가 일주 운동을 하다가 관측자의 정남 방향에 올 때를 남중이라고 한다.

운동이다. 따라서 해나 달이 없다면 만조·간조와 같은 조석 현상이나 밀물·썰물과 같은 조류는 일어나지 않을 것이다."

미셸은 말을 끝내고 아이들의 반응을 살폈다. 모두 괜찮다는 표정이어서 미셸은 그대로 답을 쓰기 시작했다. 미셸이 펜에 잉크를 묻혀 마침표를 찍자, 바로 스텝 2 문제가 나타났다.

"지구는 혼자가 아닙니다. 달이 있으니까요. 그래서 달을 향한 지역은……."

이번엔 보니타가 나섰다. 이미 답이 다 나와 있는 그림이라 쉽다.

달을 향한 지역은 달이 끌어당기는 만유인력으로 인하여 해수면이 상승하게 됩니다. 그래서 그 지역은 만조 현상이 일어납니다.

보니타가 답을 쓰자, 루나의 음성이 들려왔다.
"달이 남중하는 지역에서 곧바로 만조가 일어나나요?"

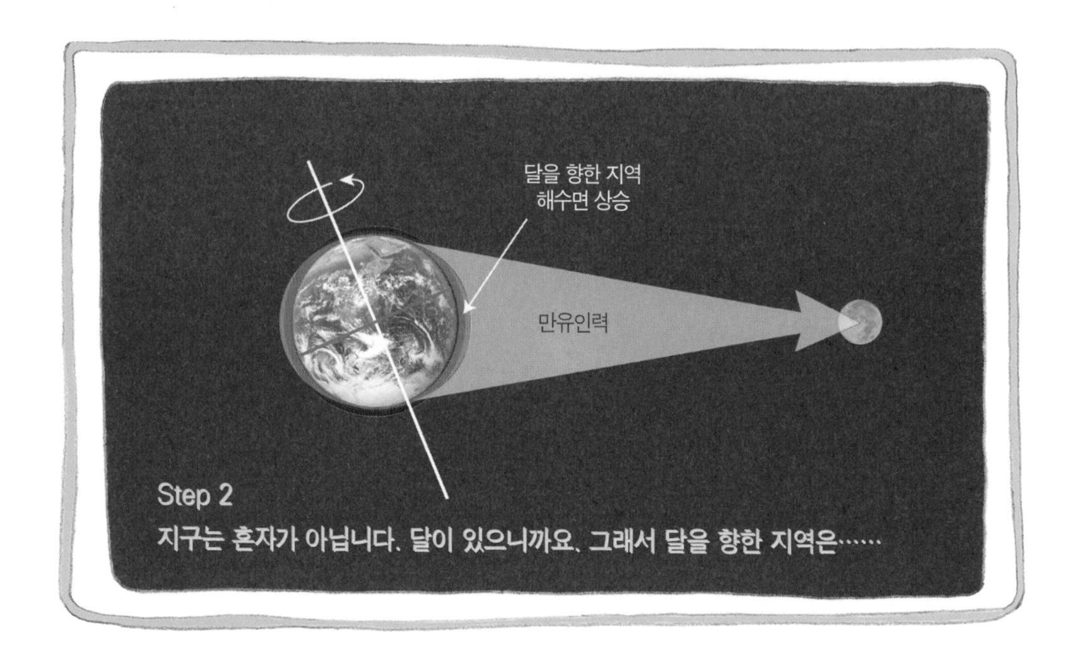

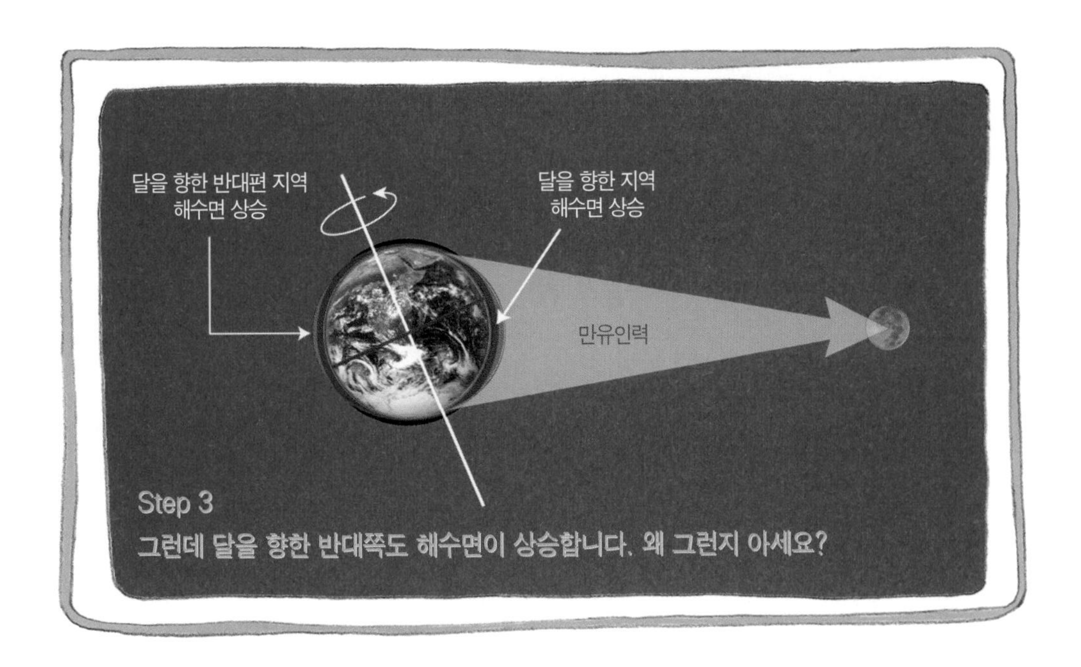

의외의 질문에 보니타는 잠시 머뭇거렸다. 올리버가 대신 말했다.

"바닷물이 이동하는 시간이 있기 때문에 보통 2시간 정도 늦게 만조가 일어납니다. 또한 해안지형이 복잡한 곳에서는 지역적인 편차가 있습니다."

루나가 말했다.

"그렇군요. 반짝반짝 올리버 군, 설명 잘 들었어요."

이어서 스텝 3 문제가 떴다.

그런데 달을 향한 반대쪽도 해수면이 상승합니다. 왜 그런지 아세요?

아이들은 서로의 얼굴을 쳐다보았다. 스텝 2 그림과 다름이 없는데, 질문만 바뀐 것이다. 그림도 없는 상태에서 해수에 작용하는 힘을 어떻게 설명해야 좋을지 난감하다.

"음……."

"음……, 지구에 작용하는 공전 **원심력**을 어떻게 설명하지……?"

원심력
물체의 질량과 회전 속도의 제곱에 비례하고, 회전 반지름에 반비례하는 힘이다.
$F=\frac{mv^2}{r^2}$ (F: 원심력, m: 물체의 질량, v: 회전 속도, r: 회전 반지름)

"……."

루나의 목소리가 들려왔다.

"설명을 못하겠어요? 자, 5초 드립니다. 하나, 둘……."

제한 시간은 엿장수 마음대로라더니 잠시 생각할 틈도 주지 않고 루나가 카운트를 시작했다.

"잠깐!"

제이슨이 벌떡 일어나더니 펜을 집고는 쓱쓱 답을 썼다.

루나는 웃음을 터뜨리며 말했다.

"호호호호, 그럼 다음 스텝으로 넘어갑니다."

아이들은 제이슨이 뭐라고 썼는지 궁금해서 그림에 시선을 주었다. 아이들은 동시에 기가 막힌다는 표정을 지었다. 제이슨이 쓴 답은 짤막했다.

YES, I KNOW!

잠시 후, 스텝 4 그림이 떴다. 스텝 3과 연결된 문제였다.

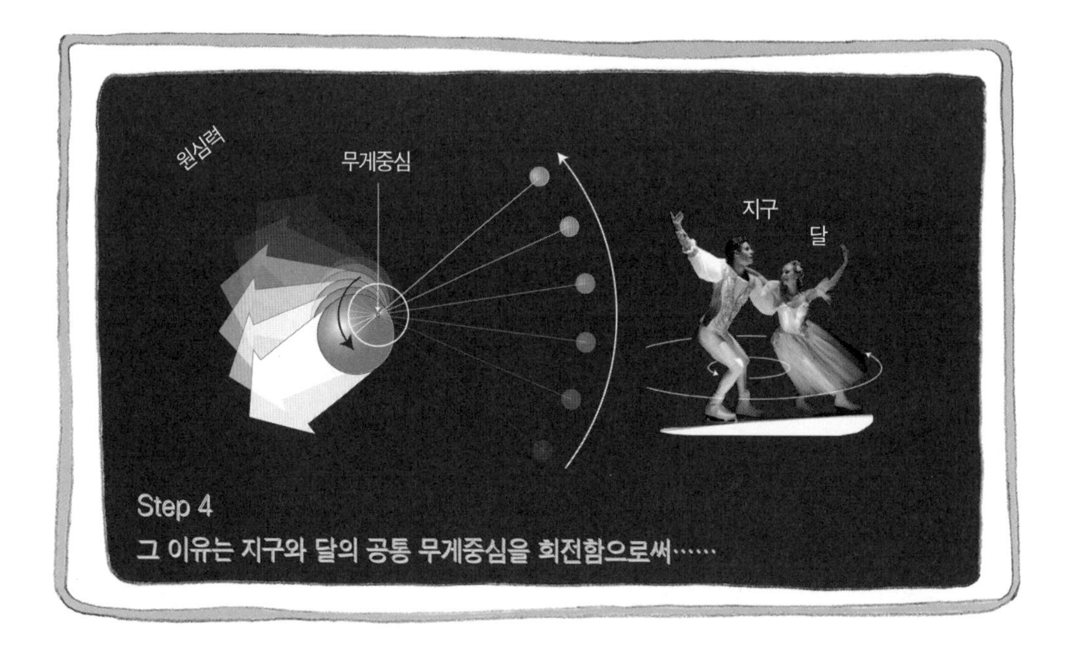

그 이유는 지구와 달의 공통 무게중심을 회전함으로써…….

지구와 달의 공통 무게중심
지구 중심에서 달 중심까지의 거리는 약 390,000km이므로 거리비가 1:81이 되는 지점은 지구 중심에서 약 4,800km 떨어진 곳에 있다. 지구 반지름은 약 6,400km이므로 지구와 달의 공통 무게중심은 지구 내부에 위치한다.

미셸이 스텝 3의 질문을 재차 확인하기 위해 물었다.
"그 이유는? '그'가 뭐였지?"
올리버가 대답했다.
"응, 달을 향한 지구의 반대쪽도 해수면이 상승하는 것."
"아, 그랬지."
아이들은 문제에 적합한 답을 10여 분 동안 토의한 후 정답을 기재했다.

달을 향한 지구의 반대쪽에서 해수면이 상승하는 이유는, 지구와 달의 공통 무게중심을 회전함으로써 생기는 원심력 때문이다.
지구와 달의 질량비는 약 81:1이다. 따라서 무게중심은 지구 중심과 달 중심을 잇는 선분의 1:81 지점에 위치한다. 지구와 달은 그 무게중심을 꼭짓점으로 하여 회전하고 있다. 이와 같은 공전운동은 남녀가 손을 잡고 빙글빙글 도는 아이스댄싱에 비유할 수 있다. 질량이 작은 달은 여자처럼 큰 원을 그리며 회전하고, 질량이 큰 지구는 남자처럼 작은 원을 그리며 회전하게 된다. 이때 원심력은 원운동의 무게중심에서 바깥 방향 쪽으로 작용하기 때문에, 지구의 바닷물은 원운동의 바깥쪽으로 밀리게 된다. 그래서 달을 향한 지구의 반대쪽에도 해수면이 상승하는 것이다.

답을 기재하자 상자의 표면에 'Excellent!'라는 문구가 떴다. 이어 루나가 상냥하게 말했다.
"테닐 박사님이 여러분을 위해 풍성한 아침 식사를 준비한 모양입니다. 문제를 잘 풀려면 잘 먹어야 해요. 밥 먹고 합시다."
루나의 말대로 테닐 박사는 영국식 아침 식사 '풀 잉글리시'를 내놓았다. 신선한 우유, 상큼한 자몽, 고소한 콘플레이크, 흰자만 익힌 계란 프라이, 바삭바삭하게 구운 베이컨, 잘 구운 토마토와 버섯을 곁들인 컴버랜드 소시지, 소금에 절인 청어 훈제 구이 그리고 버터를 바른 토스트…….
테닐 박사는 즐겁게 식사하는 학생들에게 당부했다.

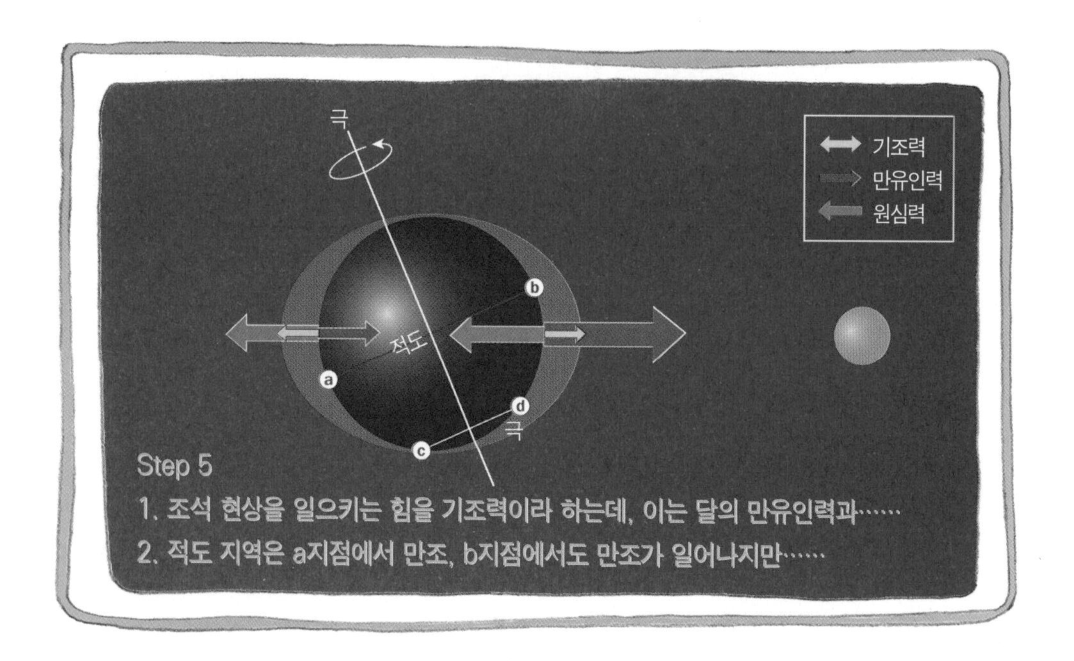

"얘들아, 맛있게 먹고, 부디 지구의 명예를 지켜 다오."

한 시간 뒤 아이들은 다시 서재로 모였다.

올리버가 문제를 보며 중얼거렸다.

"음……, 붉은색 화살표는 만유인력……, 초록색 화살표는 원심력……, 노란색 화살표는 기조력……."

아이들은 또 머리를 맞대고 답을 찾았다.

1. 조석 현상을 일으키는 힘을 기조력이라 하는데 이는 달의 만유인력과, 지구와 달의 공통 무게중심을 꼭짓점으로 공전하는 지구의 원심력과의 합력으로 나타낼 수 있다.

달에 가까운 쪽은 달의 만유인력이 지구 회전으로 인한 원심력보다 크기 때문에 그 힘이 기조력으로 작용하여 해수면이 상승한다.

달에서 먼 지구의 반대쪽은 달의 만유인력이 작게 작용하기 때문에 지구의 회전으로 인해 생긴 원심력이 상대적으로 크다. 따라서 그 힘이 기조력으로 작용하여 해수면이 상승한다.

2. 적도 지역은 a지점에서 만조, b지점에서 만조가 일어나 하루에 두 번 만조가 일어나지만(중위도 지방도 마찬가지임.), 극 지역은 d지역만 만조가 되므로 하루에 한 번만 만조 현상이 일어난다.

답을 기재하자, 루나가 말했다.

"제이슨, 밀물과 썰물을 설명해 볼래요?"

제이슨이 대답했다.

"밀물은 해안으로 접근하는 해수의 흐름을 말하고, 썰물은 해안에서 먼 바다로 후퇴하는 해수의 흐름을 말합니다. 밀물이 들어오면 머지않아 만조가 되고, 썰물로 빠지기 시작하면 머지않아 간조가 됩니다. 밀물도 썰물도 없이 바다가 잠잠한 때가 있는데 그 때는 '뜸'이라고 합니다."

루나가 손뼉을 치며 칭찬했다.

"오! 제이슨 군, 훌륭해요. 잘생긴 줄만 알았더니 참 똑똑하군요. 좋아요. 마지막 스텝 6 문제는 제이슨 군이 풀어 볼래요? 아주 잘할 것 같은데요."

제이슨은 미스 루나의 칭찬을 듣자 으쓱해졌다. 제이슨은 고갯짓으로 앞머리를 멋지게 쳐올리며 말했다.

"As you like it!(좋을 대로 하세요!)"

그와 동시에 반달형 상자 위에는 스텝 6이 떴다.

제이슨은 곧바로 답을 적어 내려갔다.

태양도 지구에 기조력을 미치고 있습니다. 지구 주위를 공전하는 달이 태양 방향으로 오는 삭 때는 달의 만유인력과 태양의 만유인력이 합세하여 바닷물을 끌어당기고, 달이 태양 반대 방향으로 오는 망 때는 태양의 인력이 지구의 원심력과 합세하여 바닷물을 끌어당깁니다. 그러므로 삭과 망 때에는 기조력이 최대로 작용하여 바닷물이 지구의 한쪽으로 많이 쏠리게 됩니다. 그래서 만조가 일어나는 지역의 수위는 더욱 높아지고, 간조가 일어나는 지역의 수위는 더욱 낮아지므로 조차가 매우 커집니다. 어부들은 이런 현상을 '사리'라고 부릅니다. 반달일 때는 태양과 달이 지구에 대해서 직각 방향에 놓이기 때문에 두 천체의 인력이 분산됩니다. 때문에 만조와 간조 때 수위 차이가 심하지 않습니다. 조차가 가장 작아지는 이런 물때를 '조금'이라고 부릅니다.

달과 태양이 지구에 미치는 기조력의 크기

달과 태양이 지구에 미치는 기조력 크기의 비는 약 2:1이다. 달은 질량이 작지만 태양에 비해서 지구와의 거리가 가깝기 때문에 태양보다 두 배의 힘을 발휘하는 것이다. 기조력은 천체의 질량에 비례하고 천체까지 거리의 세제곱에 반비례한다.

$F \propto \frac{M}{d^2}$ (F:기조력, M:천체의 질량, d:천체까지의 거리)

조차

만조 때 해수면 최고 높이와 간조 때 해수면 최저 높이의 차이.

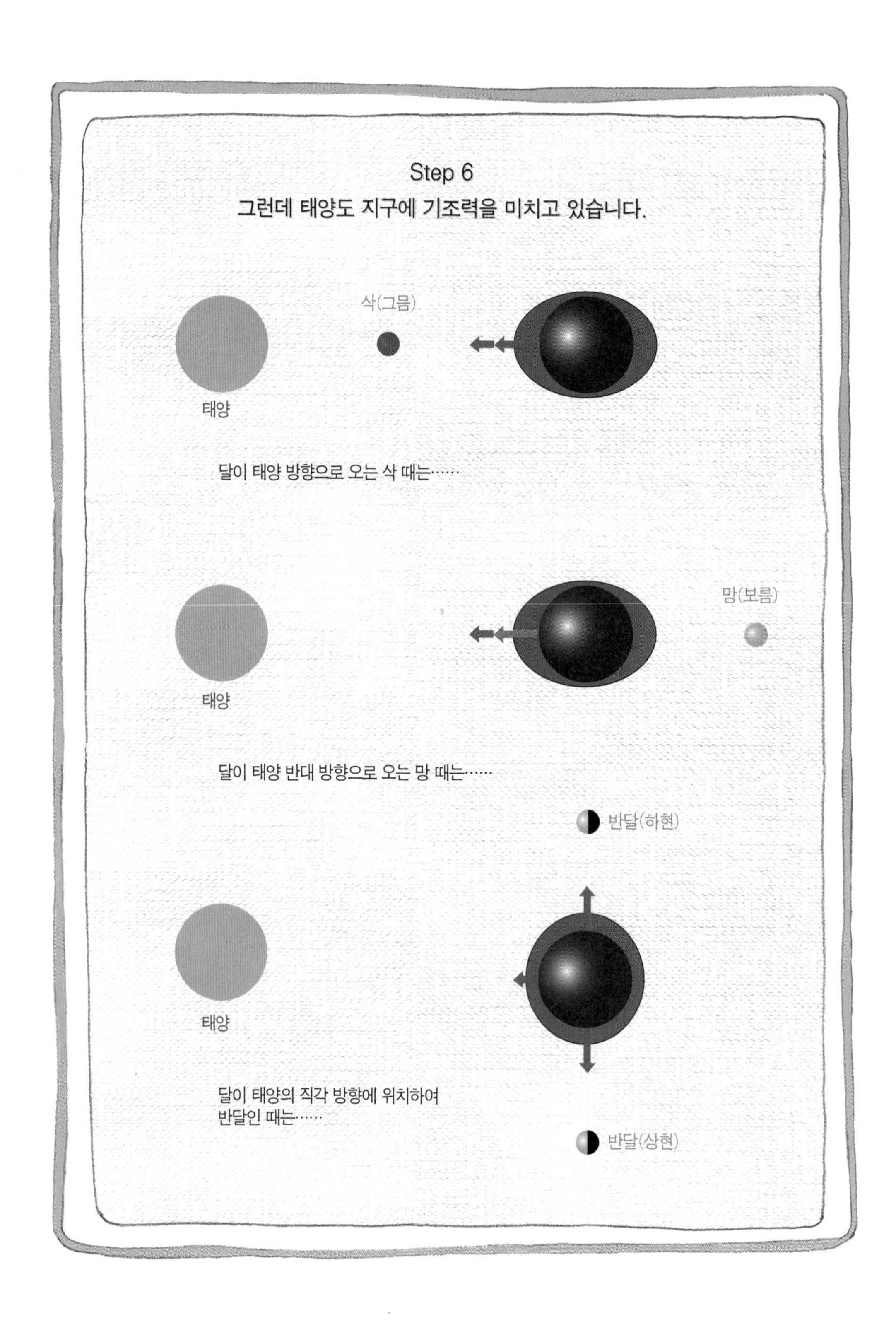
Step 6
그런데 태양도 지구에 기조력을 미치고 있습니다.
삭(그믐)
태양
달이 태양 방향으로 오는 삭 때는……
망(보름)
태양
달이 태양 반대 방향으로 오는 망 때는……
반달(하현)
태양
달이 태양의 직각 방향에 위치하여
반달인 때는……
반달(상현)

여기까지 답을 적은 제이슨은 갑자기 피식 웃더니 다음과 같이 덧말을 써넣었다.

참고 : 스텝 6 문제에 오류가 있네요! 반달(상현)과 반달(하현)이 ◐ 으로 그려져 있어요. 상현달은 ◑ ☜ 요렇게 그려야 하지요.

제이슨은 답을 다 적고 루나의 칭찬을 기대했다. 그러나 조용했다.

'혹시 철자가 틀린 데라도 있나?'

제이슨은 영물 상자 가까이 얼굴을 대고 꼼꼼하게 살폈다.

'이상이 없는데…….' 하는 찰나 '찍' 하는 소리와 함께 제이슨이 그려 넣은 반달 그림 두 개 ◐◑ 가 물총처럼 액체를 쏘았다.

"헉!"

제이슨은 두 손으로 얼굴을 감쌌다. 양 눈에 껌이 달라붙은 듯했다.

"제이슨!"

보니타가 쓰러질 듯 비틀대는 제이슨을 부축했다. 잠시 후 제이슨이 정신을 차리고 눈을 떴다.

"아……."

보니타는 깜짝 놀라 주춤주춤 뒤로 물러섰다. 제이슨의 두 눈이 반달 모양으로 변해 이글거리고 있었기 때문이다.

"흐흐, 나의 사랑 보니타, 이리 가까이 와……."

제이슨은 굶주린 늑대처럼 혀를 쭉 내밀고 보니타를 향해 한 발 한 발 다가섰다. 미셸이 신고 있던 구두를 벗어 제이슨 머리를 내리쳤다. 딱 소리와 함께 구두 뒷굽이 이마에 명중하자 제이슨은 그대로 기절해 버렸다.

"올리버! 어떻게 좀 해 봐!"

올리버가 허리를 굽혀 제이슨이 적은 답을 살폈다.

'스텝 6 문제에 오류가 있네요. 반달(상현)과 반달(하현)이 모두 똑같은 모양으로 그려져 있어요……?'

제이슨이 적어 놓은 덧말 부분에서 올리버는 고개를 갸우뚱했다.

"똑같이 그려 넣은 게 왜 오류지? 이건 태양 광선을 받아 빛나는 월면의 모습을 먼 하늘에서 내려다본 그림이잖아."

올리버 말대로, 제이슨이 우쭐대며 덧말에 써넣은 내용은 착각이었다. 먼 하늘에서 내려다본 달의 모습과 지구 사람들이 보는 달의 모양은 다를 수밖에 없다. 아마도 제이슨은 상현달은 , 하현달은 라는 고정관념에 순간적으로 발목을 잡혔던 모양이었다.

올리버가 오답을 지우려고 잉크와 펜을 찾았으나 이미 그것들은 사라지고 없었다. 다급한 마음에 손가락에 침을 묻혀 덧말 부분을 문질렀다. 그도 소용없었다. 이미 스며들어 말라 버린 잉크 글씨가 오히려 더욱 진해질 뿐이었다. 순간, 올리버는 용기를 내어 자기 손가락을 힘차게 깨물었다. 물어뜯은 손가락에서 금방 핏방울이 뚝뚝 떨어지기 시작했다. 올리버는 제이슨이 써 놓은 덧말을 지우기 시작했다. 이윽고 마침표까지 모두 지웠을 때였다. 루나의 목소리가 들려왔다.

"반짝반짝 작은 별 올리버~. 그대의 순수한 정신력이 모두를 구했어요. 정말 훌륭합니다. 미션을 종료합니다."

테닐 박사와 네 학생은 별이 총총한 밤, 강변이 내려다보이는 언덕에 모닥불을 피우고 자축 파티를 열었다. 소동의 주인공 제이슨이 자리에서 일어섰다. 미셸이 내리친 구두 뒷굽에 맞아 깨진 이마에 하얀 반창고가 빛나고 있었다. 제이슨은 목소리를 가다듬고 말했다.

"저의 경솔함 때문에 한바탕 큰 난리를 겪게 해서 모두에게 정말 미안합니다. 사죄하는 뜻으로 노래 한 곡 부르겠습니다."

디리링~. 테닐 박사의 서재 한구석에서 오래 묵고 있던 기타를 어느 틈에 챙겨 온 모양이었다. 제이슨은 카우보이모자를 살짝 눌러쓰더니 기타 연주와 함께 노래를 부르기 시작했다. 그러고 보니, 제이슨은 가수 '제이슨 므라즈'를 빼닮았다.

Oh bella bella please 오 아름다운 님이여 부디

Bella you beautiful luna 어여쁜 당신 아름다운 달님

Oh bella do what you do 님이여 뜻대로 하세요.

You are an illuminating anchor 당신은 빛나는 닻

Of leads to infinite number 끝없이 불러일으키는 것은

Crashing waves and breaking thunder 부서지는 파도와 찢기는 번개

Tiding the ebb an flows of hunger 굶주림의 물결인 썰물

You're dancing naked there for me 당신은 날 위해 춤추고 있죠.

You expose all memory 모든 기억을 드러내고

You make the most of boundary 많은 경계를 만들고

You're the ghost of royalty imposing love 사랑을 강요하는 고결한 영혼이여.

Bella luna 아름다운 달님

My beautiful beautiful moon 나의 아름답고 아름다운 달

How you swoon me like no other 다른 누구보다 나를 황홀하게 해.

인간을 비롯한 대부분의 생물은 지표 가까운 곳에서 살고 있다.
걸어서 두 시간 거리에 해당하는 10km를 하늘로 올라간다면 우리 몸에는 어떤 일이 벌어질까?
영하 65℃ 이하의 냉동 상태에서 낮은 기압으로 인해 몸은 부풀고,
얇은 피부는 강력한 태양 광선을 견뎌 낼 수 없을 것이다.
같은 거리를 땅속으로 들어간다고 가정해도 마찬가지다.
그 엄청난 압력과 온도를 견뎌 낼 생물이 있을까?
지구의 보호막인 대기권은 너무도 얇아 양파 껍질에 비유되고는 한다.
우리가 살고 있는 땅은 어떤 성분으로 있는가? 또 바다는 어떤가?
우리를 둘러싼 환경에 대해 알아보자.

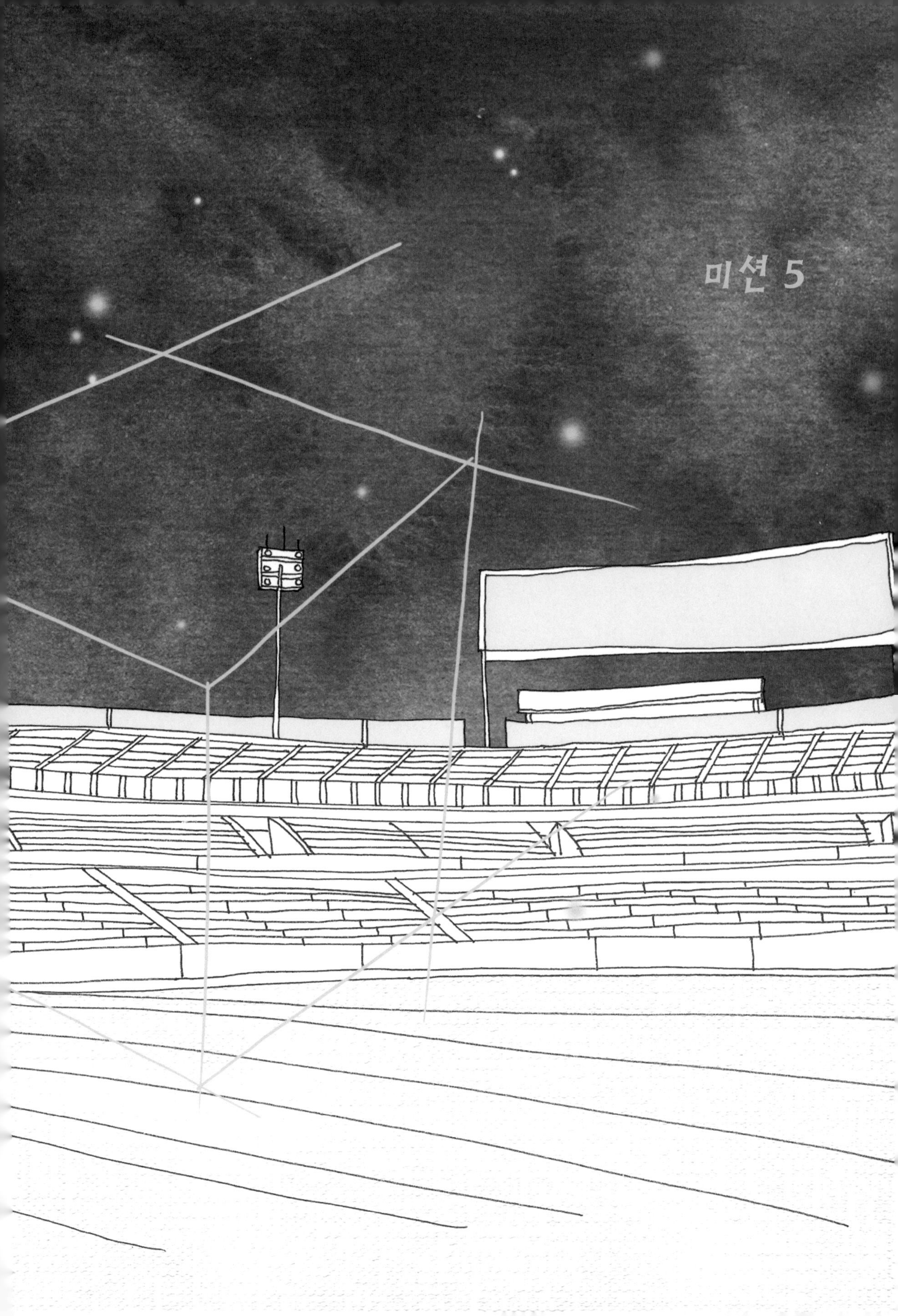
미션 5

자정이 가까운 시각, 이스라엘의 예루살렘 축구 경기장. 장내 라이트는 하나도 남김 없이 꺼진 상태여서 운동장은 쥐 죽은 듯 조용하고 깜깜하다. 한데, 운동장 한가운데에는 실처럼 가느다란 하늘색 광선이 공중으로부터 지면으로 빛을 뿜고 있었다.

운동장 한쪽 게이트를 통해 들어온 네 아이가 그 빛줄기를 보았다. 한 아이가 속삭이듯 말했다.

"저긴가 보다."

"그래, 자정이 다 됐어. 어서 가자."

네 아이는 지구과학 올림피아드 이스라엘 대표인 앤디, 타마르, 샤하르, 릴리였다. 넷은 빠른 걸음으로 운동장을 가로질렀다. 10여 미터 거리로 근접했을 때였다. 빛줄기의 끝이 밝아지더니 돌연 네 방향으로 천천히 갈라지기 시작했다. 그러더니 곧 철사가 구부러지듯이 직각으로 꺾이고 다시 안쪽으로 꺾였다.

"저것 봐! 빛줄기가 상자 모양을 만들고 있어!"

앤디의 말대로 빛줄기는 하늘색의 정육면체 상자로 변했다. 네 아이가 신기한 듯 상자를 바라보는데, 상자의 네 귀퉁이에서 하늘색 빛줄기가 다시 뻗치더니 이내 둥근 형태의 의자를 만들어 냈다.

"여러분, 환영합니다. 의자에 한 명씩 앉으시길 바랍니다."

'어, 어디서 들려오는 소리지?'

온 방향을 알 수 없는 신비하고 아름다운 목소리를 듣고 네 아이는 머뭇거렸다.

"여러분, 놀라실 것 없습니다. 제 목소리는 여러분의 귀에만 들립니다. 텔레파시 전음이지요. 어서 의자에 앉으세요. 그래야 여러분도 제게 텔레파시 전음을 보낼 수 있답니다."

앤디가 제일 먼저 의자에 올라앉았다. 자전거 안장처럼 작은 의자에 간신히 엉덩이를 걸쳤더니 두 다리가 허공에 둥둥 뜬다. 릴리, 샤하르, 타마르도 각각 자기 의자에 올라앉자, 텔레파시 전음이 다시 들려왔다.

"몸의 힘을 빼고 아주 편안하게 앉으세요."

"와우!"

지시하는 대로 했더니 투명한 안락의자에 푹 파묻힌 듯 너무도 편안하다.

텔레파시 전음이 말했다.

"이제부터 지구 미션을 진행하겠습니다. 이번 미션은 협동 과제가 아니라 개인 과제입니다. 제 목소리는 한 사람의 귀에만 들리게 됩니다. 따라서 소리가 들리는 학생 한 분만 머리로 답을 떠올리시면 됩니다. 그림 문제인 경우는 영상으로 전달됩니다. 한

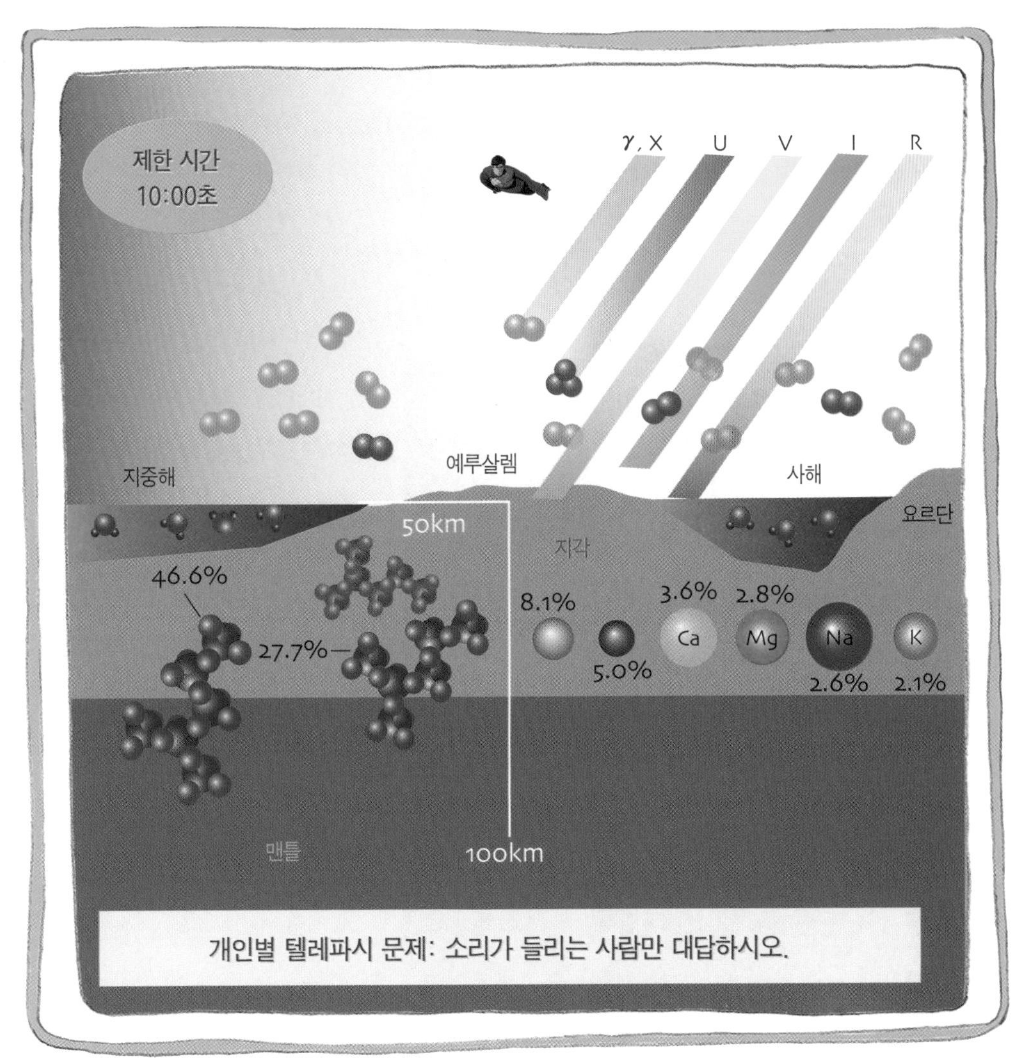

그림은 원자 반지름의 비율을 계산하여 그린 것이다. H(수소)=1, N(질소)=2.47, O(산소)=2.47, Si(규소)=3.90, Al(알루미늄)=4.77, Fe(철)=4.13, Mg(마그네슘)=5.33, Na(나트륨)=6.20, K(칼륨)=7.70
태양복사의 형태인 빛은 전기적 성질과 자기적 성질을 가진 전자기파이다. 전자기파에는 파장의 길이에 따라 γ선(gamma ray) – X선(x ray) – 자외선(ultraviolet) – 가시광선(visible ray) – 적외선(infrared) – 전파(radio wave) 등의 이름이 붙어 있다. 이중에서 사람의 시각이 인식할 수 있는 것은 가시광선으로 스펙트럼에 가시광선을 분산시키면 보남파초노주빨의 일곱 색깔 무지개로 나타난다. 자외선은 보라색의 바깥쪽 광선, 적외선은 빨강색의 바깥쪽 광선이란 뜻이다.

문제에 제한 시간은 10초이며, 문제는 한 번만 들려 드립니다. 모두 준비되셨습니까?"

텔레파시 전음이 끝나자, 상자 위에는 어느 방향에서 보더라도 똑같은 그림 영상이 나타났다.

첫 번째 질문은 샤하르에게 전달되었다.

"첫 문제는 아주 쉽습니다. 자동차를 타고 예루살렘에서 50킬로미터 거리에 있는 지중해 해변까지 시속 100km/h로 달리면 몇 시간 후에 도착하나요?"

샤하르는 1초도 안 돼서 '30분'이라고 답을 했는데, 머릿속으로는 '과속이라 경찰 아저씨 단속에 걸려 더 오래 걸릴지도 몰라.' 하는 생각을 자신도 모르게 했다. 텔레파시 전음이 말했다.

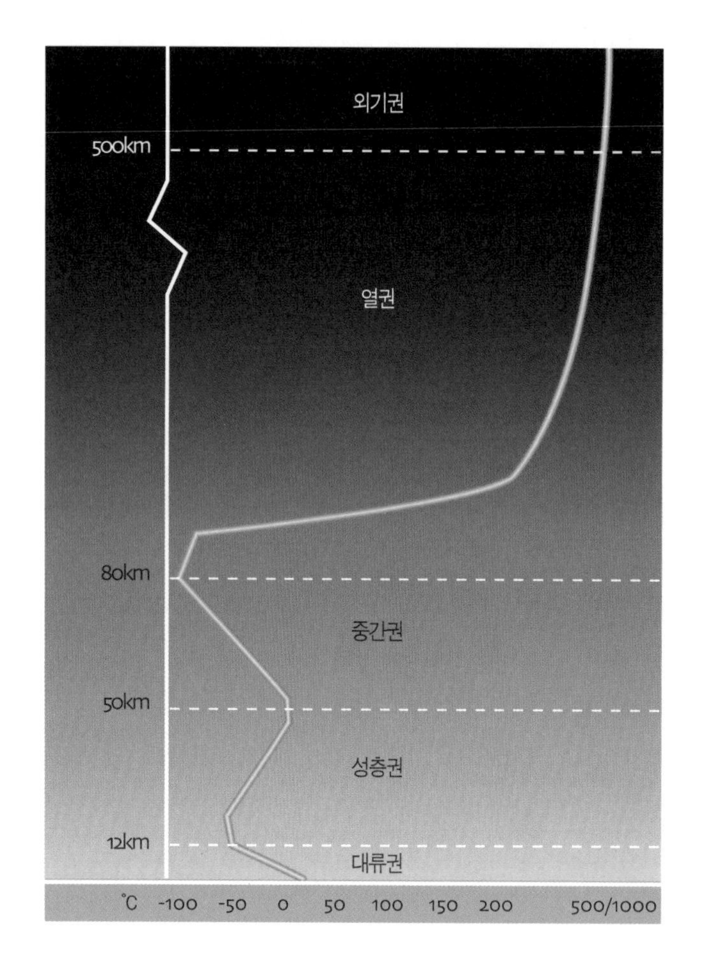

"정답입니다! 과속 단속에 걸립니다."

샤하르는 속으로 '허걱!' 소리를 질렀는데, 텔레파시 전음이 친절하고 유머가 넘쳐 웃음이 절로 났다.

'쟤 왜 저래? 실실 웃고 있잖아.'

텔레파시 전음을 듣지 못한 다른 세 아이는 머리를 갸우뚱했다. 다음 차례는 타마르였다.

"슈퍼맨이 상공 100킬로미터 높이로 날아올랐어요. 슈퍼맨의 몸에 어떤 변화가 일어났을까요?"

타마르는 과학 영재답게 머리 회전이 빨랐다. 타마르는

대기권의 온도 분포곡선을 떠올리며 답을 생각했다.

'지상의 평균온도는 약 15°C, 상공 12킬로미터 대류권계면 근처는 -60°C, 30~50킬로미터 성층권은 오존이 자외선을 흡수해서 온도가 상승하고……, 50~80킬로미터 중간권은 온도가 하강하여 중간권 계면에서 -90°C 정도로 가장 낮은 온도를 보이니까 꽁꽁 얼어 버리겠어……. 음 게다가 태양에서 오는 γ선과 X선 광선을 맞을 것이고, 자외선을 맞아 까맣게 타고 말거야. 그래! 냉동된 훈제 구이!'

타마르의 생각이 마침표를 찍자, 텔레파시 전음이 말했다.

"유사 정답으로 처리해 드리겠습니다. 원래 정답은 '슈퍼맨은 멀쩡하다.' 입니다. 슈퍼맨 영화 못 봤습니까? 슈퍼맨은 무슨 일이 있어도 머리카락 한 올 흩어지지 않습니다. 흐~."

타마르는 텔레파시 전음이 자기를 골려 먹고 있다는 생각이 들었다. 그러자 텔레파시 전음이 말했다.

"오해는 마세요. 처음 문제는 긴장감 완화 문제였으니까요."

다음에는 릴리에게 전음이 들렸다.

"릴리 양, 눈에 보이는 그림을 보며 물음에 답하세요."

전음이 끝나자 앞에 보이는 영상에서 도드라지게 보이는 부분이 나타났다.

"태양 광선의 γ선과 X선을 흡수 차단하고 있는 과 은 무엇입니까?"

"음……, 이 12개, 이 3개니까 4:1의 비율……. 예, 공기를 구성하고 있는 질소 분자와 산소 분자를 나타낸 것입니다."

"맞습니다. 그럼 O_3는 어떤 것입니까?"

"오존은 산소 세 개가 결합한 것이고 자외선을 차단하는 물질이니까…, 입니다."

"정답입니다."

전음은 다시 타마르에게로 돌아갔다.

"지하 100킬로미터 지점의 온도는 1,000°C 이상, 압력은 수십만 기압이 넘습니다.

대기권의 온도 분포

대기권은 온도 변화에 따라 대류권, 성층권, 중간권, 열권으로 구분한다.

(1) 대류권에서 위로 올라갈수록 온도가 내려가는 이유는 무엇일까? 그 이유는 태양 복사에너지의 50% 정도(가시광선, 일부 적외선)가 대기권에 흡수되지 않고 지표에서 흡수되어 지표가 가열되기 때문이다. 따라서 지표에 가까운 곳일수록 온도가 높고, 위로 갈수록 온도가 낮아진다.

(2) 성층권이 대류권 상부보다 따뜻한 이유는 무엇일까? 태양에서 복사된 자외선 파장이 성층권에 분포한 오존층(O_3)에서 흡수되기 때문이다.

(3) 중간권의 온도가 가장 낮은 이유는 무엇일까? 중간권은 오존층도 없고 지표에서 멀 뿐만 아니라, 태양에서 오는 짧은 파장의 광선(감마선, X선)은 대부분 열권에서 흡수되기 때문에 열권보다 온도가 낮은 것이다.

지구 대기권에서 공기의 구성 비율은?

건조 공기는 질소(N_2)가 약 78.08%, 산소(O_2)가 약 20.95%, 아르곤(Ar)이 0.93%의 비율을 차지하고 있다. 이산화탄소(CO_2)를 비롯한 기타의 성분은 0.04%에 지나지 않으며, 수증기(H_2O)량은 지역에 따라 차이가 많이 난다.

슈퍼맨이 그 지점까지 땅을 뚫고 들어간다면 어떤 일이 일어날까요?"

타마르가 대답했다.

"슈퍼맨은 땅을 파지 않습니다."

텔레파시 전음이 다시 물었다.

"왜죠?"

"슈퍼맨은 누군가 도움이 필요할 때만 나타납니다. 지하 100킬로미터에서 도움을 요청할 만한 사람이 살지 않기 때문에 그곳에 들어갈 까닭이 없습니다."

"이제야 긴장을 푸셨군요. 고맙습니다."

이 장면을 달 기지에서 생중계로 보고 있던 판도라 심리학자 나쉬리가 고개를 끄덕이며 혼잣말을 했다.

"역시 판도라 영성 계발 협회에서 제작한 문제답군. 타마르에게 낸 문제는 심리 유연성 테스트였네……."

'내 차례는 언제 오는 거지…….'

다른 아이들이 무엇엔가 반응하며 대답하는 동안 초조해하는 앤디의 마음을 읽기라도 한 듯이 텔레파시 전음이 들려왔다.

"이제 앤디 군이 대답해 주세요. 사해에서 로 표기된 물질은 무엇입니까?"

앤디는 너무 쉬운 문제라서 기쁜 나머지 웃음을 터트릴 뻔했다.

"산소 원자 하나와 수소 원자 두 개가 결합된 물의 분자 모형입니다."

전음이 말했다.

"그지요? 참 쉽죠? 그럼 사해의 가장 깊은 **심해저**에 사는 물고기에는 무엇이 있는지 하나만 대답해 주세요."

"심해저에 사는 물고기요?"

"네, 그렇습니다."

앤디는 또 웃음이 나올 뻔했다. 앤디의 외가가 지중해에 있는 한 섬에서 생선 요릿집을 하고 있었기 때문이다. 어릴 적

심해저
해저지형은 크게 대륙 주변부와 심해저 지역으로 구분된다. 대륙 주변부는 지면의 경사와 수심에 따라 대륙붕, 대륙사면, 대륙대 등으로 구분하고, 심해저 지역에는 심해저 평원, 해령, 해산 등이 있다. 해구는 대륙 주변부에 위치하고 있으나 수심은 6,000미터 이상으로 수심이 가장 깊은 지역이다.

외가 수족관에서 보았던 붕장어, 아구, 성대, 명태, 농어, 달고기, 쏨뱅이, 투구게, 랍스터 등 해산물이 줄줄이 머리에 떠올랐다. 그러나 정작 어떤 녀석이 가장 심해저에 사는 것인지 알 수가 없었다. '뭐지……?' 문득, 외할아버지 식당에 들렀던 어떤 못된 손님의 말이 생각났다. 손님은 음식 맛이 없다고 트집을 잡다가 돈을 못 내겠다고 생떼를 부리더니 급기야는 할아버지에게 '사해에 가서 횟집이나 해라!' 하고 욕을 했다. 앤디는 그 말이 무슨 뜻인지 몰라 궁금했기 때문에 외할아버지에게 물었다. 외할아버지는 씁쓸하게 웃으면서 일러 주었다.

'사해는 소금의 바다란다. 바닷물이 다 졸아서 지중해보다 열 배는 짜단다. 물고기는 살지 못해.'

앤디는 화가 나서 판도라 상자에게 말했다.

"이거 함정 문제 아녜요? 사해에는 심해저도 없고, 물고기도 없어요!"

앤디가 큰 소리로 말하자 타마르, 샤하르, 릴리도 촉각을 곤두세웠다.

"무슨 문제인데, 그러니?"

샤하르의 물음에 앤디가 대답했다.

"아, 글쎄, 사해 심해저에 사는 물고기가 뭐냐고 묻잖아."

미션 그림을 자세히 살펴보던 릴리가 말했다.

"그래, 그림이 이상해. 과학 시간에 지중해와 사해의 지형 비교 그림을 그린 적이 있는데, 사해의 해수면은 지중해보다 400미터 이상 낮고 수심도 거의 바닥이 보일 지경이야. 그런데 저 그림은 수심이 너무 깊게 그려져 있어. 10킬로미터도 넘겠는걸."

텔레파시 전음이 말했다.

"아……, 뭔가 실수가 있었던 모양입니다. 죄송합니다. 그러면 다음 문제는……, 규소(●) 1개에 산소(●) 4개가 결합된(●) 즉, SiO_4가 지각을 구성하는 광물의 기본 구조입니다. 산소는 규소 이외에도 알루미늄(●), 철(●), 칼슘(●), 나트륨(●), 칼륨(●), 마그네슘(●) 등과 결합하여 산화물을 이루고 있기 때문에 지각에서 차지하는 비율이 압도적으로 높습니다. 각 원소의 모델은 원자 반지름의 크기

지각 구성 원소 1위는 산소(O)! 지구 전체(지각+맨틀+핵) 1위는 철(Fe)!
지각을 이루는 중요 원소 중에서 산소(O)는 중량 비율로 46.6%, 부피 비율로 93.8%를 차지하므로 지구의 어느 부분보다도 산소의 함량이 많은 곳이다. 그러나 지구의 핵은 대부분 철(Fe)로 구성되어 있기 때문에 지구 전체의 원소 중량 비율로 볼 때는 철(Fe)이 가장 많고, 그다음이 산소(O)이다.

에 비례하여 그린 것입니다. 아……, 그런데 제가 문제를 내지 않고 설명을 하고 있는 이유가 무엇인지 아십니까? 글쎄, 제가 왜 이걸 설명하고 있는 거죠? 아무튼 이상한 일이잖아요. 아……. 함정 문제를 냈기 때문에 양심이 찔리는 것인가……? 아……, 아……."

타마르, 샤하르, 릴리, 앤디는 텔레파시 전음이 마치 다운된 컴퓨터처럼 버벅대자 하하하, 까르르 웃음을 터트렸다.

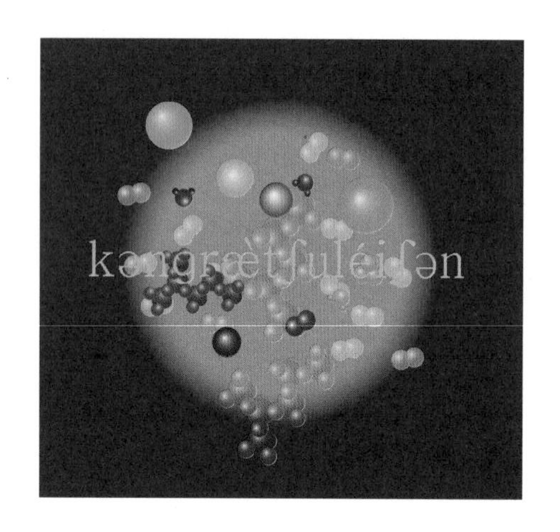

그때였다. 갑자기 허공에 붕 떠 있는 기분이 들던 네 아이가 동시에 엉덩방아를 찧었다. 의자가 어느새 사라져 버렸던 것이다.

네 아이는 엉덩방아를 찧은 채로 영물 상자를 바라보았다. 정육면체이던 상자는 순식간에 구형으로 변했고, 그림에 있던 원소들은 모두 예쁜 풍선으로 변했다. 그리고 축하의 메시지가 떴다.

"kəngrætʃuléiʃən."

"콘그레츄레이션? 축하한다고?"

네 아이는 동시에 환호성을 질렀다.

"야호!"

방금 전까지 까르르 웃던 샤하르는 눈물범벅이 되었다.

"하하, 하하, 왜 기쁘면 눈물이 나는 거지? 하하하, 하하하."

달 기지의 판도라 학생들도 이 장면을 보며 함께 웃었다. 누군가 퉁가바우 교수에게 물었다.

"교수님, 이번 과제에 담겨 있는 의미를 설명해 주세요."

퉁가바우 교수가 흐뭇한 미소를 지으며 말했다.

"γ선과 X선, 자외선은 사람들을 억압하는 권력의 가혹함을 상징하는 것이고, 슈퍼맨은 허황된 공상을 뜻하는 것이다. 실제로 γ선, X선, 자외선을 막아 내는 것은 슈퍼맨이 아니라, 질소, 산소, 오존 기체 분자거든. 이 기체들은 자유롭게 대기를 여행하는 존재야. 너무 흔해서 소중한 줄을 모르지만, 바로 그 흔한 것들이 세상을 온전하게 보전하는 거란다."

토롱테이가 음미하듯 말했다.

"공기처럼 자유로운 것……."

퉁가바우 교수는 설명을 덧붙였다.

"하지만 공기 분자는 일정한 범위를 벗어나지 않도록 중력이 붙잡고 있지. 그래서 자유롭되 무질서한 것은 아니라는 것이다."

"아……."

"또한 대기를 떠받치고 있는 지각이나 해수는 공기에 비해 단단한 결속력을 지니고 있고, 지구 내부의 뜨거운 열을 차단하는 역할을 한다. 과히 깊지도 않은 땅속이 1,000°C가 넘는 고열로 지글거리고 있는데도 지표에 생물이 살 수 있는 것은 지각 덕분이란다. 지각은 국가나 사회의 튼튼한 프레임을 상징하기도 하지. 자, 지구의 아이들이 이번 미션을 성공하지 못했다면 지구에 어떤 일이 발생하게 되었을지는 각자 상상해 보기 바란다."

해변의 백사장을 걸을 때 사각거리는 모래알의 소리를 들은 적이 있는가?
그것은 투명한 석영과 흰색의 장석 알갱이가 빚어내는 화음이다.
사람들은 아름다운 보석을 가지려고 비싼 값을 치른다.
찬란하게 빛나는 다이아몬드, 그것의 실체는 연필심과 똑같은 탄소 덩어리일 뿐이다.
우리가 사용하는 컴퓨터, 휴대전화, 텔레비전, 냉장고, 숟가락, 젓가락, 유리잔에 이르기까지
생활필수품은 모두 광물을 이용하여 만든 것이다.
3천 종에 달하는 광물 중에서 어떤 광물들이 우리 주변에서
흔히 볼 수 있는 것인지 주인공들과 함께 공부해 보자.

미션 6
1. (O) Beryl with Albite - 녹주석과 조장석
2. (O) Neptunite on Natrolite

분홍색의 대통령 궁과 이탈리아식 의회 건물이 인상적인 마요Mayo 광장, 그 한 모퉁이에서 지구과학 올림피아드 아르헨티나 대표로 선발된 곤잘레스, 아만다, 스테파니가 한 학생을 기다리고 있었다.

"약속한 시간이 30분이나 지났는데……."

"코르도바에서 기차를 타고 온다니까 아마 시간 맞추기가 어려운 모양이야. 좀 더 기다려 보자."

"마르티 박사님이 목 빠지게 기다리고 계실 거야! 영물 상자가 벌써 박사님 연구실에 도착해 있다는데……, 아이 참!"

곤잘레스는 다 먹고 난 탄산음료 깡통을 뻥 걷어찼다. 이때 두리번거리며 골목의 모퉁이를 돌던 아이의 머리에 날아간 깡통이 명중했다.

"아야!"

배낭을 메고 있는 이 아이는 머리를 감싸며 투덜댔다.

"엄마 찾아 삼만리라더니, 부에노스아이레스는 왜 이리 복잡한 거야!"

아이의 행색을 살피던 스테파니가 물었다.

"네 이름이……, 혹시 지노 빌리?"

아이는 세 아이를 번갈아 보더니 기뻐하며 말했다.

"옳지! 이제야 제대로 찾아왔구나!"

마르티 박사는 네 아이를 반갑게 맞았다.

"곤잘레스, 아만다, 스페파니, 어서 오너라. 오! 지노, 제때 와 주었구나! 그래, 아버님은 안녕하시고?"

"네, 박사님. 아버지는 광산 일로 바쁘셔서 얼굴 뵙기가 힘드네요."

마르티 박사는 껄껄 웃으며 말했다.

"하긴, 코르도바 자수정 하면 세계에서 알아주지 않더냐. 그런 명성을 얻기까지 네 아버님이 많이 노력하셨지."

곤잘레스가 투덜거렸다.

"박사님, 이러다가 미션을 제때 시작하지 못하는 거 아녜요?"

마르티 박사가 괜찮다는 듯이 손을 저으며 말했다.

"곤잘레스가 미션 날짜를 손꼽아 기다리더니 조바심이 나는 모양이구나. 하지만 괜찮다. 아직 한 시간 정도 있어야 한다."

마르티 박사는 아이들을 옆방으로 안내하며 말했다.

"이번 미션이 광물에 관한 것이라는 메시지를 받았을 것이다. 그러나 시일이 촉박해서 공부할 시간이 없었을 거다. 이쪽으로 와 보렴."

옆방에는 박사가 틈틈이 수집해 놓은 300여 종의 광물이 전시되어 있었다. 스테파니가 감탄하며 말했다.

"와! 엄청나요! 이렇게 많은 걸 언제 다 모으셨어요?"

"지구에는 약 3,000종의 광물이 있단다. 이것들은 전체 광물의 십분의 일도 채 안 되는 표본일 뿐이지."

광물 표본은 종류별로 구분되어 있었고, 각각에 표찰이 달려 있어서 한눈에 계통을 알아볼 수 있었다.

'광물'과 '암석'을 혼동하지 말자!

· 광물minerals은 지질학적 작용으로 만들어진 무기물의 화합물 또는 홑원소 물질로서 일정한 화학적·물리적 성질을 가진 고체이다.(수은, 석탄, 석유, 천연가스처럼 고체가 아니거나, 유기물질인 경우 '준광물'이라고 한다.)

· 암석Rocks은 광물의 집합체로서 대개 여러 종류의 광물이 조합하여 만들어진다.

· 암석과 광물의 이름을 쉽게 구별하는 법: '~암岩'이라고 끝나는 명칭은 모두 암석의 이름이다. 따라서 화강암, 현무암, 역암, 사암, 이암, 응회암, 석회암, 규암, 대리암, 편마암 등은 이름은 모두 암석의 이름이라는 것을 알 수 있다. 단, 셰일, 혼펠스처럼 외래어를 그대로 쓰는 암석명의 경우는 예외이다. 건축 자재로 쓰이는 대리석이나 시멘트의 원료인 석회석은 사회에서 통용되는 이름이지만, 대리석은 '대리암'으로, 석회석은 '석회암'으로 지칭하는 것이 원칙이다. 석영, 장석, 운모, 감람석, 휘석, 흑운모, 활석, 석고, 방해석, 금강석처럼 광물의 이름에는 단어의 끝에 '~암'이 붙지 않는다.

규산염광물 : 장석, 석영, 휘석, 감람석, 운모, 각섬석, 규선석, 남정석, 홍주석, 황옥, 십자석…….

산화/수산화 광물 : 자철석, 적철석, 첨정석, 금홍석, 강옥…….

황화광물 : 황철석, 황동석, 방연석, 계관석, 유비철석…….

인산염/비산염/바나듐산염 광물 : 인회석, 황연석, 바나디나이트, 카노타이트…….

질산염/탄산염/붕산염광물 : 초석, 방해석, 마그네사이트, 능망간석, 방붕석…….

할로겐광물 : 형석, 소금, 빙정석, 실바이트, 카날라이트…….

황산염/텅스텐산염/몰리브덴산염 광물 : 석고, 중정석, 홍연석, 철망간중석, 울페나이트…….

유기염 광물 : 호박, 멜라이트, 에벤카이트…….

원소광물 : 자연동, 자연은, 자연금, 황, 금강석…….

광물 표본을 둘러보던 아만다가 화들짝 놀라며 외쳤다.

"어머! 이 광물에는 벌레가 들어 있어요!"

마르티 박사가 웃으며 말했다.

"그건, 나무의 수액이 흘러나와 굳어서 생긴 '호박'이라는 광물이다. 수액이 굳기 전에 어린 전갈이 빠져나오지 못하고 그대로 갇혀 버린 것이지."

곤잘레스가 질문했다.

"박사님, 무기물이 아닌 유기물도 광물에 속하는 것인가요?"

"좋은 질문이다……, 네가 광물의 정의에 대해 먼저 말해 보겠니?"

"광물이란, 자연에서 산출되는 무기물로 일정한 화학 성분과 뚜렷한 내부 결정구조를 가지는 고체 물질이라고 알고 있습니다."

"그래, 잘 알고 있구나. 하지만 고체가 아닌 수은이나, 유기물인 석탄 등도 넓은 의미의 광물로 분류한다. 그러니까 호박도 광물 범주에 들어가는 것이지."

모두가 마르티 박사의 설명에 귀를 기울이고 있을 때, 코르도바에서 온 지노 빌리는 **자수정**을 만지작거리고 있었다. 마르티 박사가 지노 빌리를 불렀다.

"지노, 게서 뭐하니? 이리 오렴, 친구들과 함께 하자꾸나."

지노는 자수정을 제자리에 놓고 가까이 와서 말했다.

"박사님, 저기 진열되어 있는 자수정이요, 그거 우리 아버지 광산에서 생산되는 것들하고 아주 비슷하게 생겼어요."

마르티 박사가 흐뭇한 표정으로 말했다.

"눈썰미가 있구나. 맞다! 그 표본은 몇 년 전 네 아버지 광산에 놀러 갔다가 얻어 온 것이다."

아만다가 마르티 박사에게 물었다.

"수정은 석영의 결정이지요?"

"그래 맞다. 석영은 지각을 구성하는 광물 중에서 장석 다음으로 많다. 둘 다 **규산염광물**에 속하지."

스테파니가 질문했다.

"박사님, 규산염 광물이 지각에서 차지하는 비율은 어느 정

자수정(석영과 수정)
결정이 잘 발달한 석영을 수정이라고 부른다. 수정은 SiO_2성분으로 무색투명한 결정이지만, 다른 원소가 미량 포함되어 보라색, 검은색, 노란색, 분홍색 빛깔이 나타나기도 한다. 보라색 빛이 도는 것을 자수정, 검은색 빛이 도는 것을 연수정이라고 한다.

규산염광물의 기본 구조
규산염광물은 규소(Si) 원자에 산소(O) 원자 4개가 사면체 형태로 결합되어 있는 분자구조를 기본 골격으로 하는 광물로 지각의 92%를 차지한다.

도인가요?"

"적어도 90% 이상이란다. 워낙 그 비율이 높기 때문에 지구를 규산염 행성이라고 부르기도 하는 것이지. 화성, 금성, 수성도 마찬가지고."

한 시간은 금방 지나갔다. 마르티 박사는 아이들의 손을 잡고 기도했다.

"우리 아이들이 지혜와 슬기로움으로 하나가 되어 미션을 무사히 해결할 수 있도록 도와주시옵소서!"

드디어 미션이 시작되었다. 소금 결정처럼 생긴 영물 상자 표면에 미션 6 첫 번째 문제가 떴다.

"아……!"

네 아이의 입에서 동시에 감탄사가 튀어나왔다. 마르티 박사의 기도가 효험을 발휘했던 것일까? 바로 직전까지 옆방에서 보았던 광물들이다. 곤잘레스가 브이 자를 그리며 말했다.

"족집게 도사가 따로 없으시네, 우리 마르티 박사님!"

아만다가 말했다.

"제한 시간이 15분이야."

곤잘레스는 익살을 부리며 말했다.

"15분씩이나? 아유~, 한숨 자고 해도 되겠다."

한편, 지노 빌리는 조금 애석한 표정을 지었다. '희귀 광물 문제가 나왔다면, 부에노스아이레스 아이들의 코를 납작하게 해 줄 텐데…….'

곤잘레스가 자신만만하게 말했다.

"1번 규산염광물을 고르시오? 그거야 규소Si와 산소O가 포함된 광물들만 고르면 되잖아. 석영, 감람석, 장석, 운모, 휘석, 각섬석!"

"그래, 맞아."

모두가 고개를 끄덕였다.

스테파니가 신중한 표정으로 말했다.

"홑원소 광물은 은Ag, 동Cu, 금Au이지. 그런데 말이야……, 어째 찜찜하다. 화학식까지 써 붙여 놓아서 헛갈릴 것도 없이 너무 쉽잖아."

Step 1
1. 규산염광물을 모두 고르시오.
2. 홑원소 광물을 모두 고르시오.
제한 시간 00:15
은
Ag
석영
SiO_2
감람석
$(Mg, Fe)_2SiO_4$
형석
CaF_2
장석 $KAiSi_3O_8$
$NaAlSi_3O_8$, $CaAlSi_3O_8$
방연석
PbS
방해석
$CaCO_3$
석고
$CaSO_4 2H_2O$
황철석
FeS_2
운모 $KAl_3SiO_3O_{10}(OH)_2$
$K(MgFe)_3AlSiO_3O_{10}(OH)_2$
갈철석
$Fe_2O_3 nH_2O$
동
Cu
적철석
Fe_2O_2
휘석
$MeFe(SiO_3)_2$
각섬석 $X_2Y_5Si_8O_{22}(OH)_2$
X=Ca Na Y=Mg, Fe, Al
금
Au

낙천적인 곤잘레스가 손을 저으며 말했다.

"판도라에서 우리 실력을 과소평가한 게 틀림없어. 아니면, 초등학생용 문제를 잘못 담아 보냈거나. 안 그래?"

곤잘레스는 망설일 것 없다는 듯이 영물 상자 가까이 다가가서 큰 소리로 외쳤다.

"1번 답은 석영, 감람석, 장석, 운모, 휘석, 각섬석!"

…….

영물 상자는 묵묵부답 아무 반응이 없다.

"아! 2번 답도 말하라고요? 좋아요. 2번 답은 은, 동, 금!"

…….

여전히 반응이 없자, 아만다가 지적했다.

"답을 고르라고 했잖아. 그러니까 손으로 터치해야 하지 않을까?"

곤잘레스가 손뼉을 치더니 코맹맹이 소리로 말했다.

"아만다 양~. 진작에 말씀하시지 그랬어요?"

곤잘레스가 이번에는 손으로 광물 사진을 꾹꾹 눌러 가며 답을 읊었다.

…….

여전히 반응이 없다.

"이상하네? 내가 한번 해 볼게."

아만다가 곤잘레스와 같은 방법으로 답을 지적했다. 그러나 여전히 무반응이다. 스테파니도 나서 보았지만 마찬가지였다.

"어떻게 하라는 거야……?"

스테파니가 울상을 짓자, 불현듯 엄습하는 공포감이 아이들의 어깨를 짓누르기 시작했다. 시간은 아직 10분이나 남아 있었다. 그러나 공황 상태에 빠진 듯 아이들은 어찌할 바를 몰랐다. 째깍째깍 시간은 계속 흘러가고 있었다.

지노 빌리가 힘없는 손길로 영물 상자를 툭툭 치며 말했다.

"다른 건 몰라도 이건 석영이잖아요. 연기가 스며든 것처럼 검게 보이니 연수정煙水晶이라고 부르는 석영 아닙니까? 안 그래요? 나는 이걸로 공깃돌 놀이를 하면서 컸어요."

지노 빌리는 한숨을 쉬며 고개를 돌렸다. 그때였다. 석영에서 반짝반짝 광택이 나기 시작했다. 곤잘레스가 외쳤다.

"엇! 석영이 빛을 내고 있어! 왜 재가 만지니까 반응을 하는 거지?"

모두의 시선이 지노 빌리에게 집중되었다. 아만다와 스테파니가 동시에 말했다.

"다른 것도 해 봐!"

"으응? 그래, 알았어!"

지노 빌리는 조금 전과 같은 방법으로 감람석을 툭툭 치면서 답을 말했다. 허나, 감람석은 반응이 없다. 지노 빌리는 고개를 갸우뚱하며 다른 광물에도 똑같이 해 보았다. 그러나 애석하게도 반응이 없기는 마찬가지였다.

"왜 석영만 반응을 했던 거지……?"

지노 빌리가 낙담한 표정을 짓자, 스테파니가 물었다.

"너 아까 옆방 표본실에서 만지작거렸던 것이 혹시 수정 아니었어?"

지노 빌리는 고개를 끄덕였다.

아이들의 눈이 동시에 번쩍 떠졌다.

"일단, 해 보자!"

아이들은 우르르 옆방으로 달려갔다. 스테파니가 각각 담당할 광물을 지적했다.

"나는 감람석과 장석을 맡을게! 아만다는 운모와 휘석, 곤잘레스는 각섬석과 은, 지노는 동과 금을 맡아! 왼손 오른손에 각각 하나씩 말이야!"

테니스 선수이기도 한 스테파니는 운동선수답게 민첩했다. 제일 먼저 영물 상자로 달려와 감람석과 장석에 양손을 얹고 "규산염광물!" 하고 외쳤다.

"아! 맞았어! 광물이 빛나! 야호!"

이어 도착한 아만다도 손을 얹고 "운모와 휘석은 규산염광물!" 하고 외쳤다. 이들 또한 특유의 아름다운 광택으로 빛나기 시작했다.

이제 남은 시간은 1분. 스테파니가 옆방에 대고 소리쳤다.

"곤잘레스, 지노! 빨리 뛰어! 시간이 별로 없어!"

곤잘레스가 문을 우당탕 밀치고 들어와 광물에 손을 얹고 외쳤다.

"각섬석은 규산염광물! 은은 홑원소 광물!"

이제 지노 차례였다. 지노가 헐레벌떡 뛰어들며 말했다.

"어떡하지? 동은 있는데……. 일단…… 에잇!"

지노는 동을 툭 치면서 외쳤다.

"동은 홑원소 광물!"

8개의 광물이 각기 특유의 광택으로 반짝반짝 빛난다. 제한 시간이 10초밖에 없는 것을 확인한 스테파니가 눈을 크게 뜨고 지노 빌리에게 물었다.

"금은?"

"금은 표본실에 없었어……."

"뭐라고?"

이때였다. 아만다가 한 마리 나비처럼 날며 외쳤다.

"금은 홑원소 광물!"

아만다의 손끝이 영물 상자에 닿았는가 싶은 순간, 시계도 딱 멈췄다.

"……."

아이들은 시선을 집중하며 침을 삼켰다. 과연 금은 빛날 것인가?

어둑어둑하게만 느껴지던 금이 희미하게 밝아지는 듯했다. 그러나 잠시 깜빡거리더니 다시 어두워졌다.

"아……, 안 돼!"

가까이서 지켜보던 스테파니가 손바닥으로 금을 두드리며 애원하듯이 말했다. 이때였다. 금이 다시 밝아지기 시작하더니 아름다운 황금색으로 환하게 빛나기 시작했다. 동시에 다른 광물들은 빙글빙글 돌면서 더욱 찬란하게 빛을 뿌렸다. 아이들은 잠시 넋을 놓고 반짝이는 광물들을 쳐다보았다. 아이들의 눈동자도 보석처럼 빛났다. 이윽고 스테파니가 혼잣말처럼 중얼거렸다.

"아……, 스텝 1을 통과한 거 같아. 맞지?"

그와 동시에 영물 상자의 표면에 글귀가 떴다.

축! 스텝 1 통과. 10분간 휴식.

잠시 쉬는 동안 남자아이들이 여자아이들에게 물었다.

"너희들 어떻게 한 거니? 표본실에서 금을 찾아냈던 거야?"

아만다와 스테파니는 대답 대신 왼손을 펴서 아이들에게 보였다.

"뭐야? 반지를 끼고 있었어? 그렇구나, 금반지였어!"

곤잘레스가 탄성을 발하여 무릎을 치다가 다시 고개를 갸웃거렸다.

"근데 금반지는 왜 두 개가 필요했지?"

아만다가 도리질을 하며 아쉬운 표정으로 말했다.

"내 반지는 화이트데이에 남자친구가 선물해 준 건데 14K야. 스테파니가 끼고 있는 반지는 아마 24K 순금일걸? 그렇지, 스테파니?"

스테파니가 씩 웃으며 고개를 끄덕였다.

10분 후.

다음 문제 화면이 떴고, 시험지와 연필, 그리고 지우개가 주어졌다.

"영어로 이름이 제시되어 있네? 그런데 대부분 전문용어라서 쉽지 않아……."

step 2. 광물이면 ○, 생물이면 V표 하시오.

1. 【　】 Beryl with Albite
2. 【　】 Neptunite on Natrolite
3. 【　】 Harlequin Shrimp
4. 【　】 Fluorite with Quartz
5. 【　】 Vanadinite on Barite
6. 【　】 Fluorite with Quartz, Opal and Calcite
7. 【　】 Mesolite with Stilbite
8. 【　】 Blue ring Octopus
9. 【　】 Cerussite with Malachite
10. 【　】 Rutile and Hematite
11. 【　】 Sea slug Nudibranch
12. 【　】 Transparent Shrimp on Sea anemone

Step 2
광물과 생물
1
2
3
4
11
12
5
10
6
9
8
7
사진:김대영

"사진도 자세히 보지 않으면 헷갈리기 쉬워……."

아이들이 자신 없어 하자, 지노 빌리가 연필을 잡았다.

"내가 체크할게."

곤잘레스가 못 믿겠다는 표정으로 지노 빌리를 바라보았다.

"전부 확실한 거야? 7번, 9번이 **산호**일 가능성은 없는 거야?"

1. 【○】 Beryl with Albite	2. 【○】 Neptunite on Natrolite
3. 【∨】 Harlequin Shrimp	4. 【○】 Fluorite with Quartz
5. 【○】 Vanadinite on Barite	6. 【○】 Fluorite, Quartz, Opal, Calcite
7. 【○】 Mesolite with Stilbite	8. 【∨】 Blue ring Octopus
9. 【○】 Cerussite with Malachite	10. 【○】 Rutile and Hematite
11. 【∨】 Sea slug Nudibranch	12. 【∨】 Transparent Shrimp on Sea anemone

아만다도 의문을 제기했다.

"난 6번 사진의 동그란 부분이 동물의 알처럼 보여. 광물 결정이 아주 동그란 구슬처럼 되는 경우도 있나? 그리고 10번 말이야. 저것이랑 비슷하게 생긴 물고기를 텔레비전에서 본 적이 있는 것도 같아."

곤잘레스가 말했다.

"만약 하나라도 틀리면 지노, 네가 책임질래?"

스테파니가 나섰다.

"그런 식으로 말하면 안 돼. 지노를 믿어야지. 우리보다는 지노의 눈이 더 정확할 거야. 설령 틀릴지라도 지노의 탓으로 돌려서는 안 돼."

곤잘레스는 잠시 침묵하더니 말했다.

"그래, 스테파니 말이 옳아. 내가 옹졸했어. 미안해."

모두는 환한 표정으로 서로를 바라보았다.

제한 시간 6분이 지나자 영어로 된 이름 옆에 해석이 달렸

산호는 식물인가 동물인가?
18세기 이전에는 산호가 식물로 알려져 있었다고 한다. 하지만 산호는 자포동물문(刺胞動物門 Cnidaria) 산호충강(珊瑚蟲綱 Anthozoa)에 속하는 해산 무척추동물이다. 몸은 폴립으로 되어 있으며, 원통형의 구조로 아래쪽은 바닥 위에 부착되어 있고, 위쪽은 중앙에 입이 있으며, 입은 촉수觸手에 둘러싸여 있다.

1. 【○】 Beryl with Albite – 녹주석과 조장석
2. 【○】 Neptunite on Natrolite – 넵튜나이트 나트로라이트
3. 【V】 Harlequin Shrimp – 광대 새우
4. 【○】 Fluorite with Quartz – 형석과 석영
5. 【○】 Vanadinite on Barite – 바나디나이트와 중정석
6. 【○】 Fluorite, Quartz, Opal, Calcite – 형석, 석영, 단백석, 방해석
7. 【○】 Mesolite with Stilbite – 메소라이트와 스틸바이트
8. 【V】 Blue ring Octopus – 블루 링 문어
9. 【○】 Cerussite with Malachite – 백연석과 공작석
10. 【○】 Rutile and Hematite – 금홍석과 적철석
11. 【V】 Sea slug Nudibranch – 바다 달팽이 갯민숭이
12. 【V】 Transparent Shrimp on Sea anemone – 투명 새우와 말미잘

S u c c e s s !

다. 지노의 체크는 모두 정확했다.

"Success(성공)!"

판도라 달 기지의 퉁가바우 교수가 고개를 끄덕이며 말했다.

"이번 미션은 관찰력과 수용력을 보는 과제였구나. 누구의 관찰력이 가장 훌륭하다고 생각하니?"

반니나가 대답했다.

"스테파니요. 첫 번째 문제에서 지노 빌리가 수정을 만졌던 것을 기억해 냈어요."

다른 학생이 말했다.

"곤잘레스는 자기 말처럼 옹졸한 아이가 아니에요. 미안하다고 말할 수 있는 곤잘레스가 멋져 보입니다."

그사이 마르티네스 박사 연구실의 영물 상자는 홀연히 사라졌다. 대신 그 자리에는 손톱만 한 크기의 판도라 광물 네 개가 남겨져 있었다.

대한민국이 토목건축의 강대국이 된 것은 풍부한 석회암 자원이 있기 때문이다.
석회암은 시멘트의 주원료이며 비료 제조, 제철공업에도 필수적인 재료다.
아주 옛날 북한산 인수봉은 지하 깊은 곳에 마그마 상태로 있었다.
오랜 세월 지표가 침식되고 풍화되는 동안 그 마그마가 식어서 화강암이 되었는데, 지금의 인수봉이 그것이다.
지금 사람들은 지하 깊은 곳의 마그마 출신인 인수봉 아래에서 살고 있으니 땅의 역사가 자못 경이롭다.
화강암은 모든 석재 건물의 주재료로 쓰인다. 숯불갈비집의 정원에서 나무들 사이를 장식하고 있는 바위는 대부분 편마암이다.
이처럼 암석은 우리가 사는 공간을 구성하고 장식하고 있는데, 이 세상의 모든 암석은 크게 세 갈래로 나뉜다.
암석이란 무엇이며, 어떻게 만들어지고, 어떻게 이용되고 있는지 이번 미션을 통해 확실히 알아보자.

미션 7

김종찬 박사는 필리핀의 미엘카 박사로부터 긴한 연락을 받았다. 지구과학 올림피아드 필리핀 대표 학생 중 두 명이 한국에 교환학생으로 체류 중이기 때문에 판도라 미션을 한국에서 진행하도록 협조해 달라는 것이었다. 김종찬 박사는 난색을 표명했지만, 미엘카 박사는 거듭 간절하게 부탁했다.

"김 박사님, 한국은 매우 다양한 종류의 암석이 분포하는 지역입니다. 아이들이 한국에서 배울 것이 많을 거예요. 부탁드립니다."

결국, 김종찬 박사는 필리핀 아이들의 미션을 돕기로 했다. 파퀴야오와 아로요는 한국에 체류한 지 일 년 반이나 되었기 때문에 한국에 대해 제법 많이 알고 있었지만, 츄타코와 몰리나는 한국이 처음이었다.

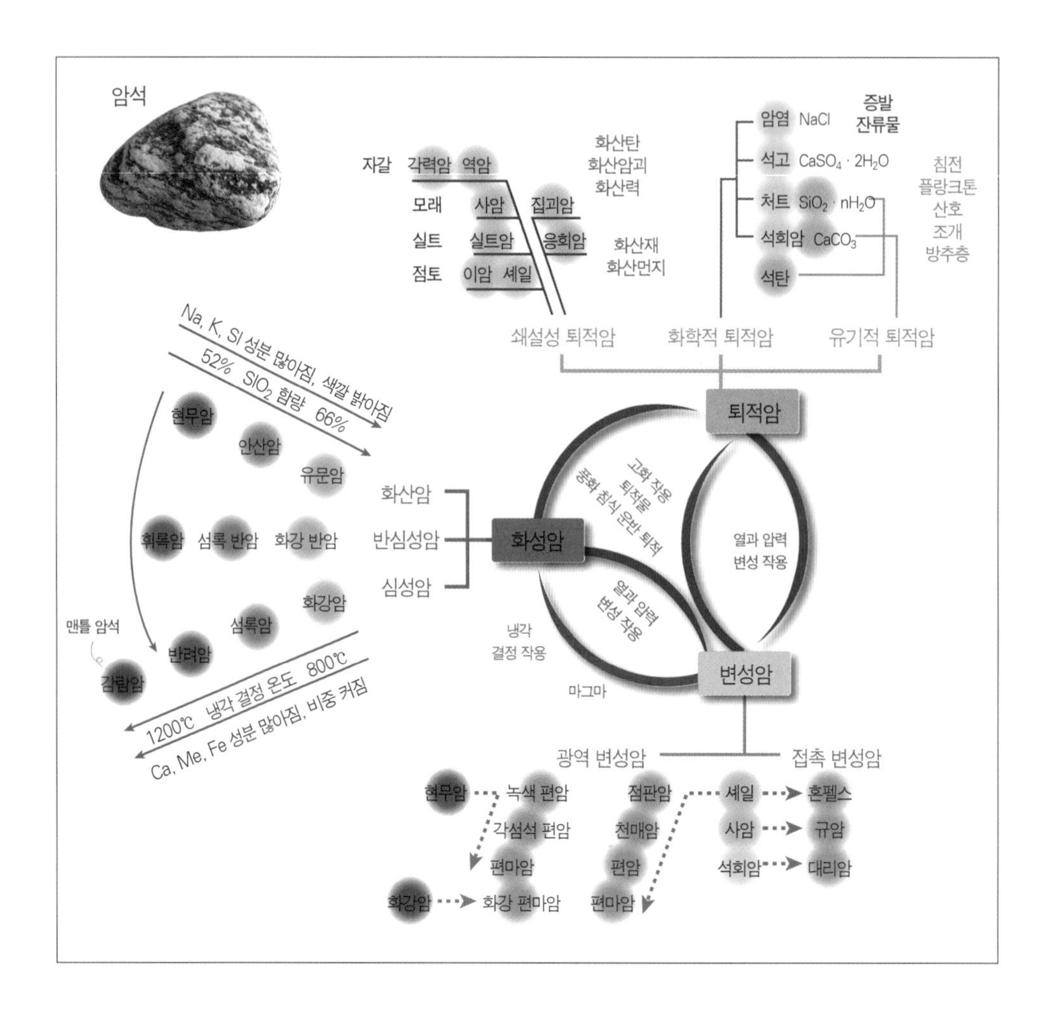

김종찬 박사는 사흘 동안 연구실에서 아이들을 데리고 합숙하면서 한국의 지질과 암석에 대해 강의했다. 박사나 아이들이나 모두 영어를 잘했기 때문에 의사소통에는 문제가 없었다. 미션 당일, 아이들이 암석 마인드맵을 보며 최종 정리를 하고 있을 때였다.

갑자기 옆방 실험실에서 큰 소리가 들렸다.

쿵! 우지끈!

"이게 무슨 소리지? 실험실에 뭔가 떨어진 것 같은데?"

"가 보자!"

실험실 문을 열자, 자욱한 먼지 속에서 영물 상자가 모습을 드러냈다. 커다란 바위처럼 생긴 영물 상자가 떨어질 때의 충격으로 실험 테이블 하나가 박살난 상태였다. 파퀴야오가 코를 막으면서 투덜거렸다.

"어휴~ 이게 뭐야. 기물 파손이잖아!"

영물 상자는 맷돌 가는 소리를 내면서 말했다.

"디디디딕 드드드득, 죄송해. 내 몸이 무겁고 둔해서 그래, 용서해. 디디딕, 여러분 잠시 나가. 먼지 청소를 하겠어. 드드드득."

아이들이 방을 나가자 영물 상자는 표면에서 우윳빛 액체를 안개처럼 분사했다. 자욱하게 퍼진 안개는 방 안 전체를 촉촉하게 적시더니 이내 방울방울 뭉치기 시작했고 천장에서부터 벽면을 타고 흘러내렸다. 액체는 다시 밀가루 반죽처럼 둥글게 뭉쳐지며 방바닥 전체를 이리저리 굴러다녔다.

호기심 많은 파퀴야오가 문틈으로 엿보면서 감탄했다.

"햐! 청소를 기막히게 하네!"

방 안에서 영물 상자가 아이들을 불렀다.

"드드득, 들어와."

아이들이 들어섰을 때 밀가루 반죽 같던 액체는 이미 딱딱한 돌멩이처럼 굳어진 상태였다. 드디어 미션이 시작되었다.

영물 상자가 둔탁한 소리로 말했다.

"특별한 주문이 없으면 아무나 큰 소리로 대답해. 드드득."

우스꽝스러운 말투에 츄타코가 '풋' 하고 웃었다.

그러자 영물 상자가 우렁차게 말했다.

"쉬운 문제 틀리면 짱돌 맞을 줄 알아! 으드득!"

츄타코는 찔끔 놀라 입을 꽉 다물었다. 잠시 침묵이 흐르자 영물 상자가 화를 냈다.

"왜 아무도 말을 안 해! 북한산 인수봉이 무슨 돌로 되어 있어? 으드득."

파퀴야오가 대답했다.

"북한산 인수봉은 장석, 석영, 흑운모, 각섬석의 광물로 이루어진 화강암입니다. 그러니까 1번 답은 석영, 2번 답은 화강암입니다."

영물 상자가 말했다.

"너! 북한산 가 봤어?"

"아니오."

"그런데 어떻게 알았어? 으드득, 다음에 꼭 가 봐."

파퀴야오는 주눅이 든 목소리로 말했다.

"……네, 그렇게 하겠습니다."

두 번째 제주도 암석에 관한 문제는 아로요가 대답했다.

"1번 답은 올리브 나무, 즉 감람나무의 색깔을 띠는 광물 '감람석'이고, 2번 답은 '현무암'이며, 3번 답은 '주상절리'입니다."

영물 상자가 말했다.

"제주도 가 봤어?"

"네, 작년에 수학여행을 제주도로 갔었습니다."

"좋아, 잘했어. 으득."

곧이어 다음 문제가 떴다.

영물 상자가 말했다.

"청소 돌멩이 스티커 붙어 있어. 드드드득. 3분 완성해!"

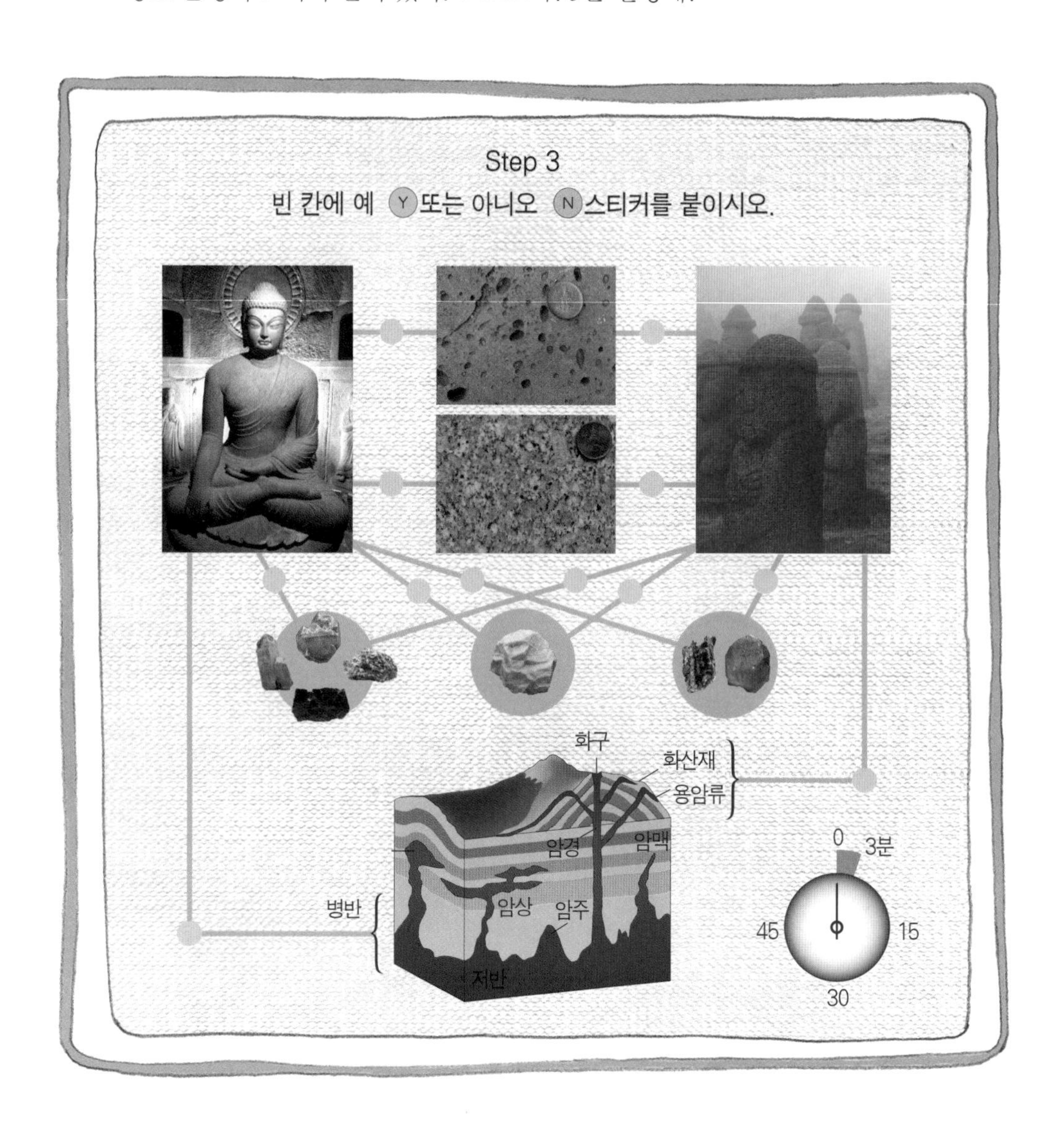

아로요가 아이들에게 속삭이듯 말했다.

"오른쪽 사진은 제주도 돌하르방이니까, 현무암이야. 그런데 왼쪽 사진은 뭐지?"

츄타코도 소곤소곤 대답했다.

"세계 문화유산 사이트에서 본 적이 있어. 음……, 맞다! 석굴암 불상이야. 화강암으로 되어 있어."

몰리나가 말했다.

"그럼, 답이 다 나왔네. 사장석은 화강암과 현무암에 공통으로 들어 있는 광물이고, 현무암은 용암류(鎔巖流, lava flow, 용암의 흐름)로 산출되고, 화강암은 저반(底盤, 밑받침 암반), 암주(巖柱, 바위기둥)의 형태로 산출되니까……."

파퀴야오가 청소 돌멩이에 붙은 스티커를 손톱으로 떼어 내려 하면서 말했다.

"어서 스티커를 붙이자……."

그러나 스티커는 돌멩이에 딱 달라붙어 있어서 잘 떨어지지 않았다.

"……츄타코, 네가 해 봐."

츄타코가 섬세한 손동작으로 스티커를 벗겨 내려 했다. 그러나 마찬가지였다. 츄타코가 영물 상자를 쳐다보며 처량한 목소리로 말했다.

"영물 상자님, 스티커가 안 떨어지는데 어떡해요?"

영물 상자가 무뚝뚝하게 말했다.

"으드득, 몰라! 2분 후 그 돌멩이 미쳐 날뛰어. 드드득. 그거 시멘트 성분 잘못 맞으면……, 크크크, 으으드득."

영물 상자의 말에 몰리나의 귀가 번쩍 띄었다.

'시멘트 성분? 탄산칼슘이 주성분이란 말이지?'

실험 기구 진열장 한 칸에는 '시약장'이란 표찰이 붙어 있었다. 몰리나는 빠른 동작으로 시약장으로 뛰어가서 '5% HCl'이라고 쓰인 플라스틱 병을 찾아 꺼내 들었다.

"여기 있다! 묽은 염산!"

몰리나의 하는 양을 멀뚱하게 지켜보고 있던 아로요가 이제야 알았다는 듯이 손뼉을 치며 말했다.

"그래! 석회암은 염산으로 녹일 수 있어."

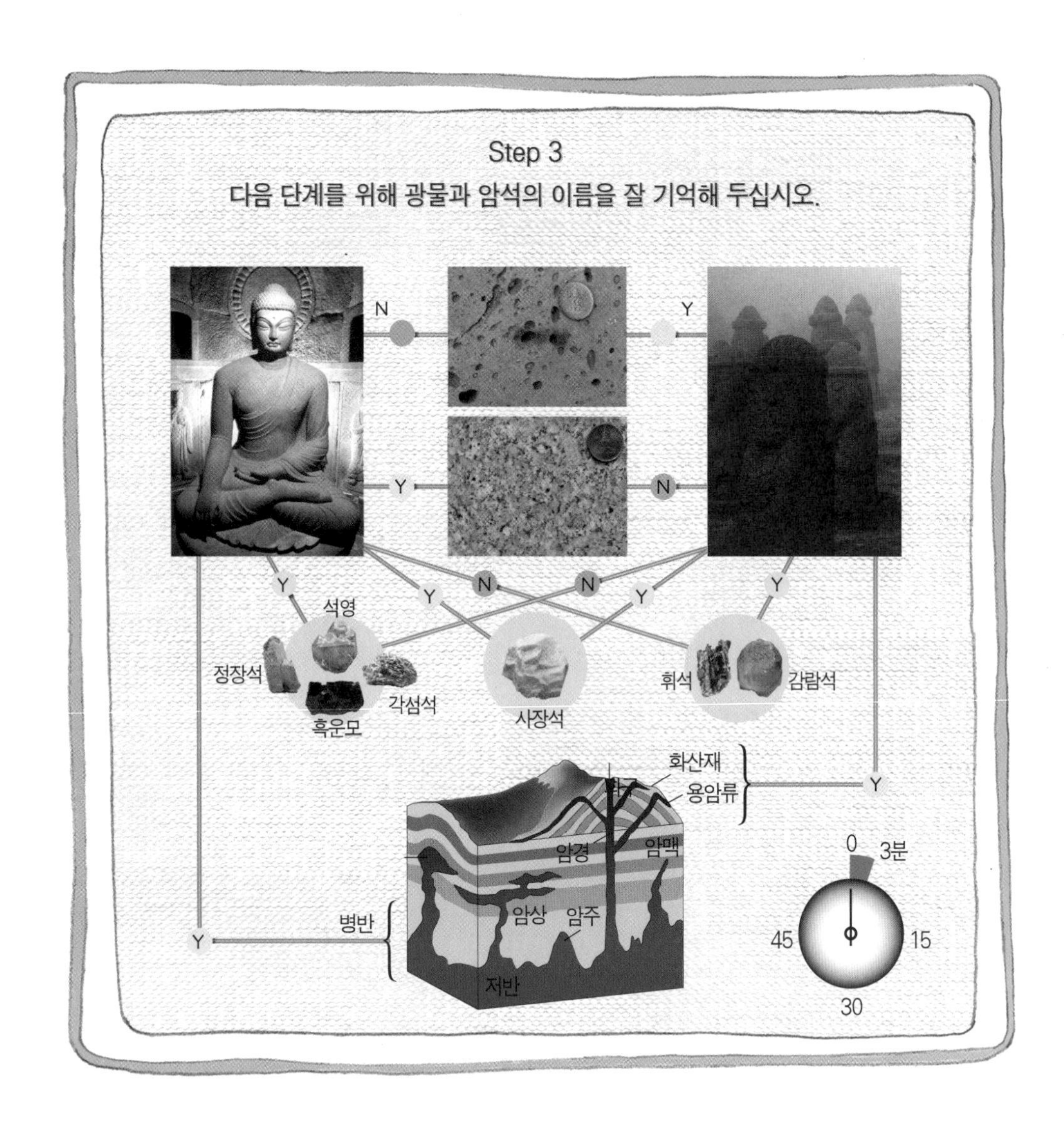

손쉬운 석회암 구별법

석회암 표면에 묽은 염산을 한 방울 떨어뜨리면 물과 이산화탄소의 거품이 발생하기 때문에 석회암을 쉽게 구별할 수 있다.

$CaCO_3 + 2HCl \rightarrow CaCl_2 + H_2O + CO_2$

석회암과 주성분이 유사한 돌로마이트(백운암, $CaMg(CO_3)_2$)도 거품이 발생하지만 석회암에 비해서 반응성이 약하므로, 암석의 표면을 긁어서 가루를 낸 후 묽은 염산과 반응시키면 약간의 거품이 발생한다.

몰리나는 스포이트를 이용하여 돌멩이 위에 묽은 염산을 방울방울 떨어뜨렸다. 이내 거품이 일면서 돌멩이 표면이 녹기 시작했다. 그러자 딱 달라붙어 있던 스티커 조각도 거품과 함께 일어나며 하나씩 떨어지기 시작했다.

"됐어! 빨리 붙이자."

아이들은 빠른 손놀림으로 스티커를 붙여 나갔다. 한 장씩

붙일 때마다 문제의 연결선은 푸른색과 붉은색의 네온 불빛으로 변했다. 이윽고 연결선마다 모두 불이 들어오자 새로운 메시지가 떴다.

"다음 문제를 위해 광물과 암석의 이름을 잘 기억해 두십시오."

영물 상자가 말했다.

"드드득, 염산 묻은 손 씻고 와! 으으드득."

그다지 심하지는 않았지만 염산이 묻은 아이들의 손끝은 거뭇거뭇했다. 손을 씻으며 파퀴야오가 말했다.

"영물 상자는 왜 저렇게 무섭게 구는 거야. 에휴~. 빨리 끝났으면 좋겠다."

Step 4
그림에 대한 설명을 읽고 답하시오.

화성암은 불의 암석이라는 뜻으로 마그마가 식어서 만들어진 암석을 말한다. 화성암은 광물 결정 조직의 크기에 따라 화산암, 반심성암, 심성암으로 분류하며, 구성 광물의 종류와 함량에 따라서 여러 가지로 나뉜다. 화산암에 속하는 암석에는 현무암, 안산암, 유문암 등이 있으며, 심성암에 속하는 암석으로는 반려암, 섬록암, 화강암 등이 있다.

네 번째 문제가 시작되었다.
영물 상자가 물었다.
“현무암, 반려암 차이점 말해!”
몰리나가 대답했다.
“현무암은 입자가 작은 세립질이고, 반려암은 입자가 굵은 조립질입니다.”
“으드득, 입자 크기 왜 달라? 구성 광물이 달라서 그런 거야?”
“아니요. 구성 광물은 감람석, 휘석, 사장석으로 같지만 마그마가 냉각될 때 속도가 달랐기 때문에 입자 크기가 다른 것입니다.”
“으득, 그래? 현무암 천천히 식은 거?”
“아니요. 현무암은 용암으로 흘러나와 굳은 암석이라 빠르게 냉각되었습니다. 반려암을 만든 마그마가 지하 깊은 곳에서 천천히 식었습니다.”
영물 상자가 말했다.
“으드득, 이번 어려운 문제. 화강암, 현무암 비중 큰 거? 너! 파퀴야오 대답해.”
갑자기 지목을 받은 파퀴야오가 더듬거리며 말했다.
“화…… 화…….”
얼결에 ‘화강암’이라고 말하려는 찰나, 몰리나가 그게 아니라고 눈짓했다. 파퀴야오는 얼른 말을 바꾸었다.
“화……강암이 아니고요, 현무암이요…….”
영물 상자가 말했다.
“으드드득! 뭐라? 크게 말해! 안 들려!”
파퀴야오는 목청껏 외쳤다.
“현무암의 비중이 큽니다!”
“으득, 좋아. 현무암의 비중 왜 커? 이유 대!”
파퀴야오가 얼른 대답을 하지 못하고 우물쭈물하자 몰리나가 입술을 움직여 ‘카마페 Ca, Mg, Fe 성분이 많아서’라고 힌트를 주었다. 파퀴야오는 몰리나의 입술 모양을 보며 대답했다.
“네, 현무암은 까맣게……, 성질이 그렇습니다.”

'아니!'

몰리나가 발을 동동 구르며 놀란 표정을 지었다. 카마페 성분을 까맣게 성질이라고 말하다니! 그런데 영물 상자의 반응이 엉뚱했다.

"카마페 성질? 음……, 다음부터 칼슘, 마그네슘, 철 그렇게 말해. 으으드득."

영물 상자는 처음 떨어질 때의 충격으로 인지 회로에 약간 손상이 생긴 상태였다. 덕분에 오답을 정답으로 처리하는 행운이 따랐다.

'에휴, 사오정이 따로 없네.'

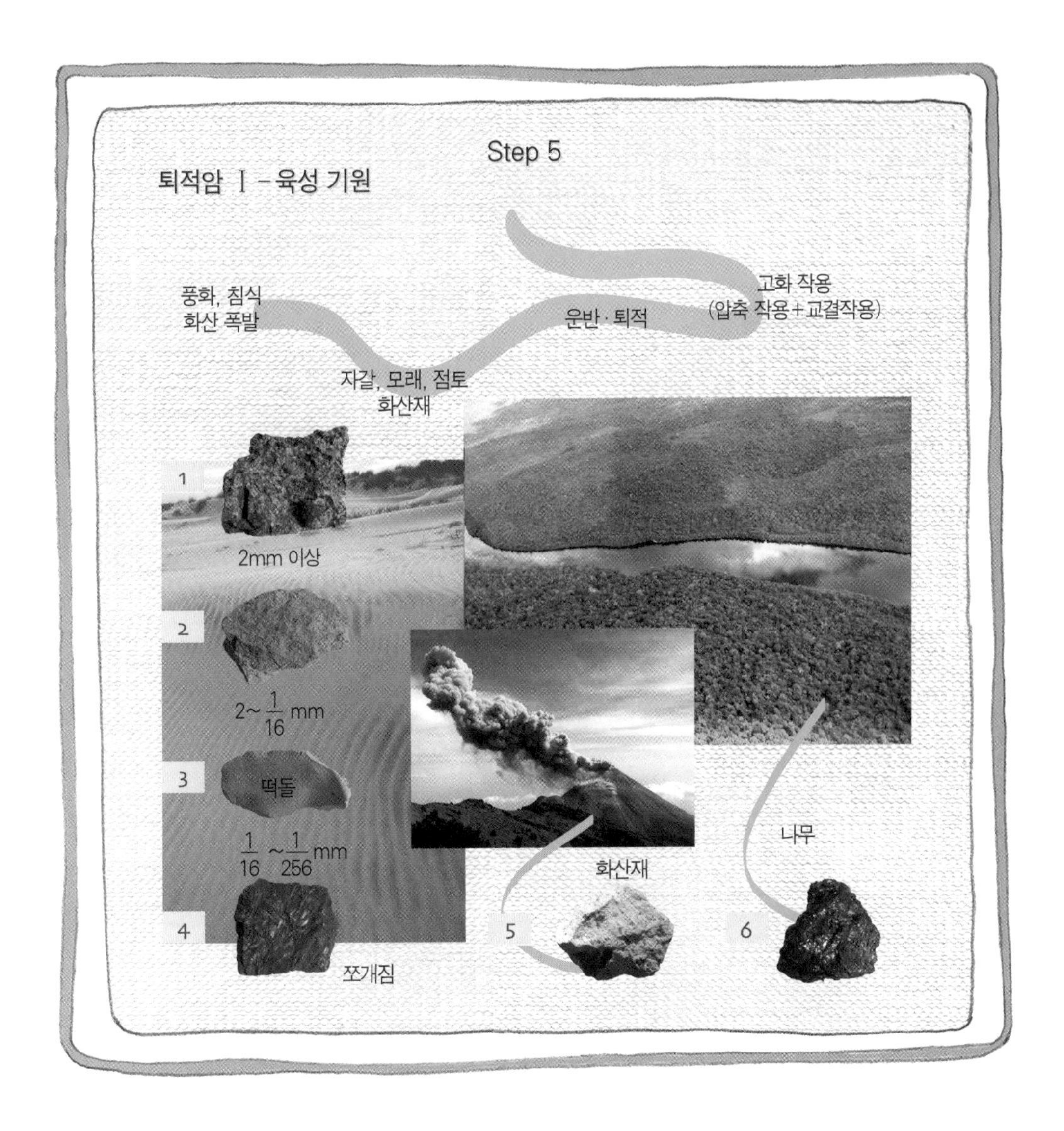

몰리나는 가슴을 쓸어내렸다.

다음 문제는 퇴적암에 관한 것이었다.

영물 상자가 말했다.

"츄타코, 1번부터 6번까지 암석 이름!"

츄타코는 사진을 보며 조심스럽게 대답했다.

"1번 역암, 2번 사암, 3번 이암, 4번 셰일, 5번 응회암, 6번은 석탄입니다."

"좋아, 으드득. 화산재 응회암은 화성암에 속하지?"

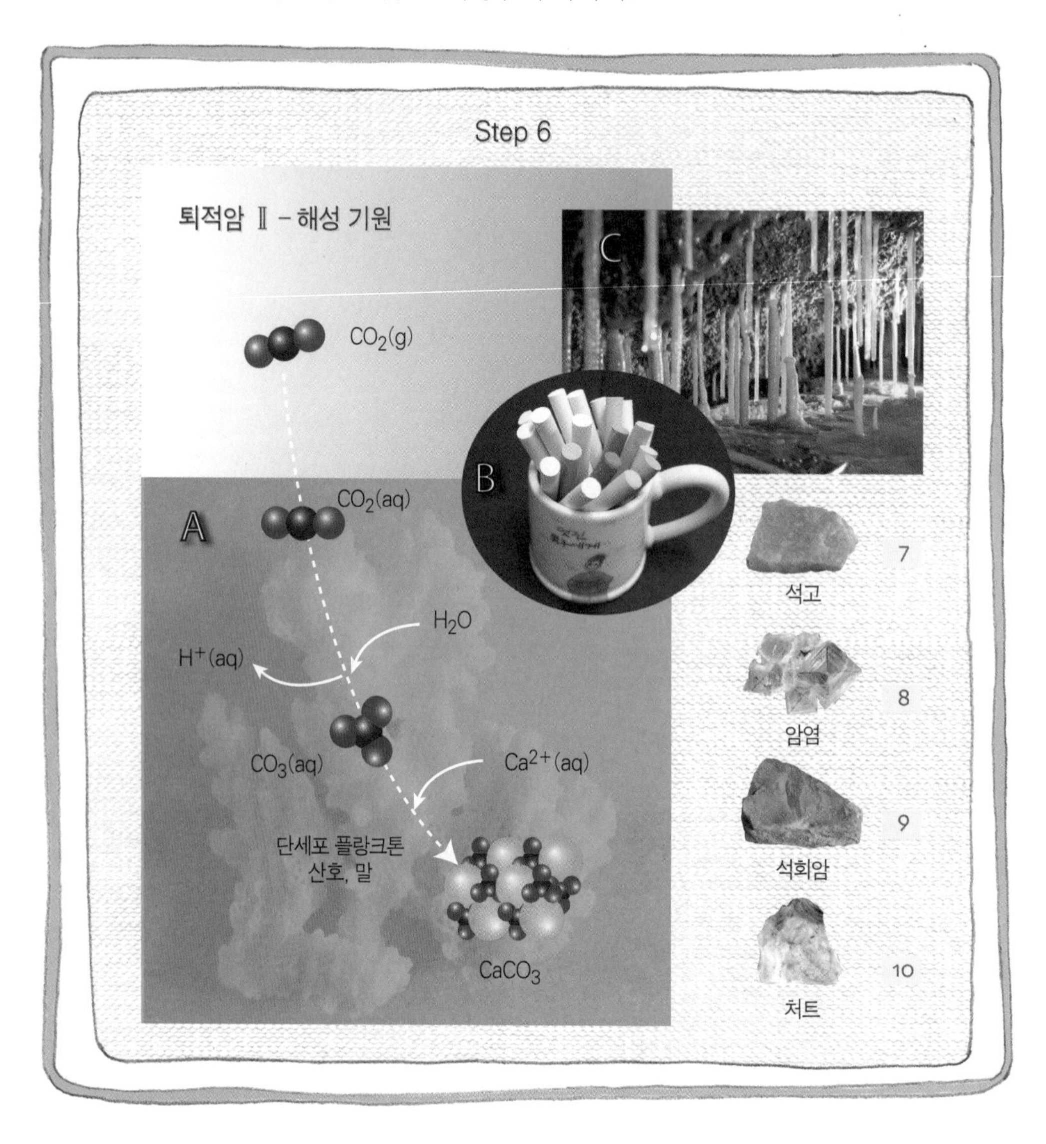

"아, 아뇨. 화산쇄설물이 쌓인 거니까 퇴적암이 맞아요. 제목에도 퇴적암이라고 쓰여 있는데요?"

영물 상자는 아무 소리 하지 않고 다음 문제를 펼쳤다.

영물 상자가 말했다.

"A 과정 설명해! 으드드득."

몰리나가 대답했다.

"공기 중의 이산화탄소가 물에 녹아서 탄산 이온으로 변하고, 그 탄산 이온이 칼슘 이온과 결합하여 탄산칼슘을 생성하는 과정입니다."

"으드득, 그게 어떤 암석이야?"

"석회암입니다."

"으드득, 그럼 B는 어떤 암석이랑 관계가 있어?"

이번에는 츄타코가 대답했다.

"7번 석고, 9번 석회암 성분이 분필의 원료가 됩니다."

"으드득, 그게 다야?"

"아……, 분필을 담은 도자기 컵은 고령토로 만드는데요. 화면에는 고령토가 없어요."

"으드드득 디디디딕, 알았어. 그럼……, C는 석회암 동굴인데……, 음……, 탄산수에 녹아내린 모습이야. 돌이 물에 녹아내리다니 음……, 기분 안 좋아. 그냥 통과. 으으드득! 마지막 문제 스텝 7."

영물 상자가 말했다.

"셰일이 열을 받으면 혼펠스가 된다. 으드드득, 열과 압력을 동시에 받으면 변성 당시의 조건에 따라 슬레이트, 천매암, 편암, 편마암이 되는데, 으으득득. 그런 조건은 어떻게 만들어지는지 설명해. 으득득."

몰리나가 대답했다.

"혼펠스를 만드는 열변성작용은 마그마가 관입(貫入: 지층을 뚫고 들어옴)할 때 일어납니다. 슬레이트, 천매암, 편암, 편마암은 지구의 판이 충돌하여 거대한 습곡산맥을

화산쇄설물

화산 폭발의 충격파 및 화산가스에 의해 조각난 고체 물질을 화산쇄설물이라고 하며, 입자 크기에 따라 화산암괴(32mm이상), 화산력(4~32mm), 화산재(0.25~4mm), 화산진(0.25mm이하)으로 분류하며, 둥글거나 고구마 형태로 굳어 떨어진 것을 화산탄이라고 부른다.

석회암 동굴의 형성

석회암 지대를 흐르는 지하수는 용식작용을 일으켜 동굴을 만든다.

$CaCO_3$(석회암) + H_2O(물) + CO_2(이산화탄소) $\rightleftarrows$ $Ca(HCO_3)_2$(탄산수소칼슘)

정반응은 석회암이 녹는 과정이며, 역반응이 일어나는 과정에서 종유석, 석순, 석주와 같은 석회암 형태가 만들어진다.

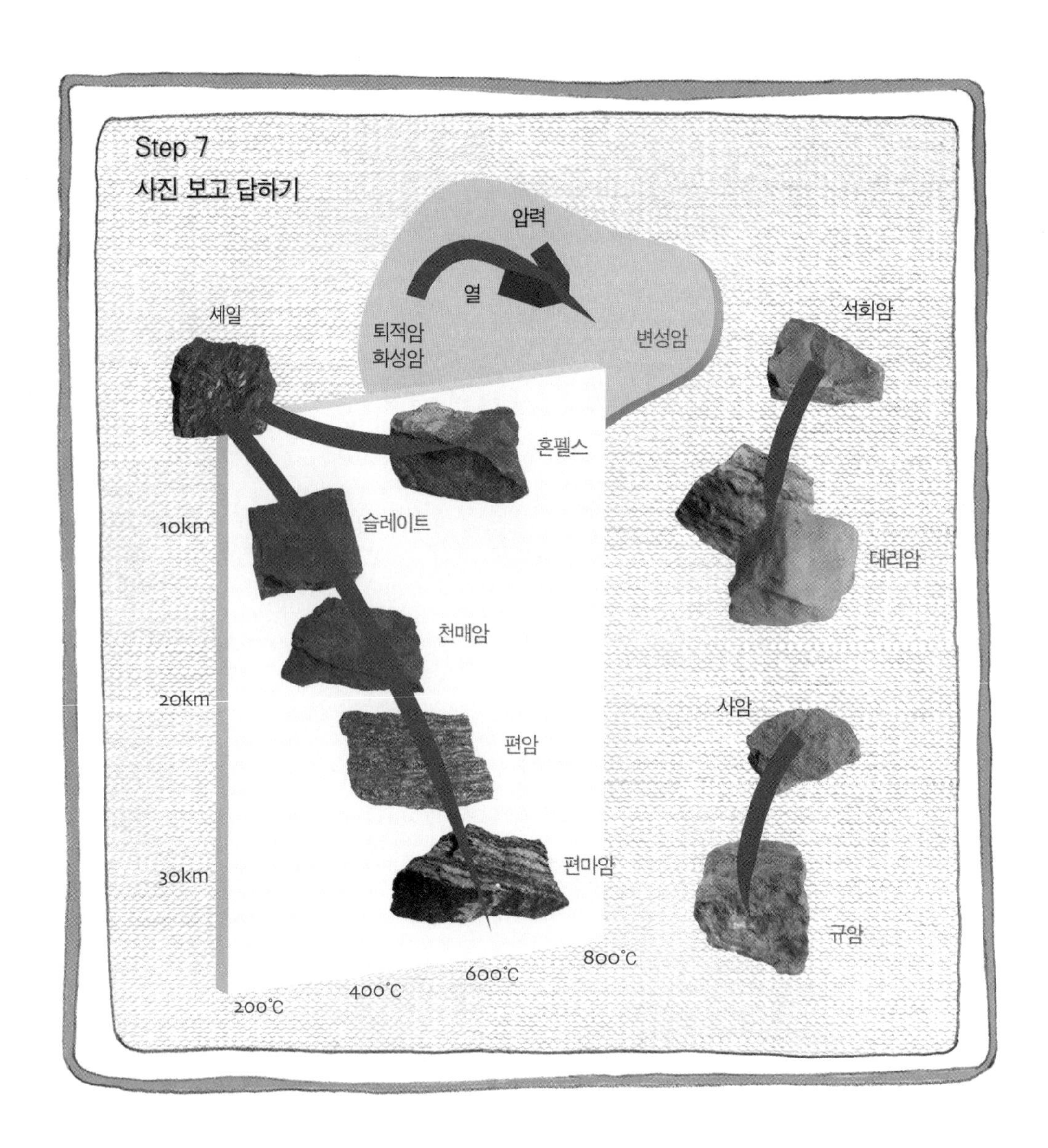

만드는 과정에서 강한 힘과 열을 받게 되어 일어납니다."

"으드득, 그래 강한 힘과 열을 받아 암석이 찌그러지는 거지. 으으드득, 문제가 괴롭다. 머리가 깨질 거처럼 아프군. 진짜 마지막!"

아이들은 화면의 문제를 읽었다.

"1. 춘천 등선폭포 딱딱한 암석 이름은? 2. 가평 명지계곡 줄무늬 암석 이름은?"

아이들은 서로 얼굴을 쳐다보았다.

"춘천이 어디야? 가평은 또 어디지?"

아이들은 사진을 보고 암석을 추정하는 수밖에 없었다.

"제일 딱딱한 암석이라면 '규암' 아닐까? 석영 성분이 압축되어 매우 단단한 걸로 알고 있는데……."

몰리나의 말에 아이들이 고개를 끄덕였다.

"그럼……, 명지계곡 암석은 편마암이겠지? 줄무늬가 편마암의 특징이잖아."

이때 영물 상자가 말을 끊었다.

"으드득, 토의 그만해! 파퀴야오가 말해!"

파퀴야오는 갑자기 얼굴이 뻣뻣해지는 느낌이 들었다.

"……."

영물 상자가 화를 내며 재촉했다.

"빨리 말해! 으으득득, 머리 아파 죽겠어!"

파퀴야오가 사진을 바라보며 얼결에 대답했다.

"답은…… 답은…… 폭포와 망치!"

파퀴야오의 말에 모두는 깜짝 놀랐다. 폭포와 망치라니!

영물 상자가 부들부들 떠는 목소리로 말했다.

"뭐? 폭포와 망치라구! 으드득득 딕딕딕 으으으으……."

영물 상자가 덜그럭덜그럭 쿵쿵 들썩이기 시작했다.

"너! 너! 나를 겁주는 거야! 익익 으드드득! 나 폭발할 것 같아. 으윽으윽!"

츄타코가 애원하듯 말했다.

"영물 상자님, 고정하세요. 답은 규암과 편마암이에요. 파퀴야오도 그걸 알고 있어요."

영물 상자가 말했다.

"으으, 그런데 왜 엉뚱한 말을 해서 나를 괴롭혀! 으윽 물과 망치는 내가 제일 싫어하는 거야. 으드드득."

"그건 파퀴야오가 겁을 집어먹었기 때문이에요. 일시적으로 공황장애에 빠진 것이라구요. 영물 상자님이 처음부터 억세게 압력을 주니까……."

영물 상자가 씩씩대며 말했다.

"압력을 주니까 그랬다구?"

"네……, 부드럽고 친절하게 말해도 될 것을 왜 그런 식으로 말하세요? 우리는 그런 말투를 몹시 싫어해요."

영물 상자는 잠자코 숨을 고르더니 말했다.

"압력은 나 같은 돌멩이도 찌그러뜨리지……. 츄타코 너는 조용히 흐르는 물처럼 부드럽구나. 부드러움은 모난 돌을 둥글게 만들어. 음……."

"그렇게 부드럽게 말하니까 으드득 이 갈리는 소리도 안 나고 얼마나 좋아요."

츄타코가 눈웃음을 지으며 말했다.

잠시 침묵이 흘렀다.

"나는 이제 곧 완전히 바위로 변할 것이다. 나를 잔디와 나무가 있는 공원으로 보내다오. 그럴 수 있겠니?"

츄타코가 고개를 끄덕였다.

영물 상자가 서서히 바위로 변하자 모든 상황이 종료되었다.

김종찬 박사가 아이들에게 저녁밥을 샀다. 메뉴는 맷돌에 갈아 만든 빈대떡과 순두부찌개. 한참 웃음꽃을 피우며 식사를 하는 중에 몰리나가 말했다.

"츄타코, 너 여러 모로 대단하더라. 참! 너 분필에 석고와 석회암 성분 두 가지가 있다는 것을 어떻게 알았어?"

츄타코가 웃으며 말했다.

"내가 1년 동안 분필 당번했잖니. 분필 케이스에 황산칼슘 $CaSO_4$ 이라고 쓰인 것도 있었고, 탄산칼슘 $CaCO_3$ 이라고 쓰인 것도 있었어. 탄산칼슘 분필이 좀 더 묵직해."

한편, 같은 시각 달 기지의 퉁가바우 교수는 엉뚱한 곳에 정신이 팔려 있었다.

"우와! 스테이지 7 성공했다. 앗싸라비아~!"

반니나가 토롱테이에게 물었다.

"퉁가바우 교수님 뭐하고 계시는 거야?"

토롱테이가 고개를 절레절레 흔들며 대답했다.

"아무래도 중독되신 것 같아. 지구에서 구해 온 '벽돌 깨기' 라는 원시적인 게임인데 식사도 거르시고 온종일 그것만 하고 계셔."

맷돌의 재료
둥글넓적한 원형의 돌 두 개를 포개어 만든 맷돌의 재료는 대개 현무암이다. 현무암의 입자 조직은 미세하면서도 팥알 크기의 기공이 곰보처럼 뚫려 있기 때문에 다양한 크기의 곡물을 곱게 가는 데 적합하기 때문이다.

최초의 생명은 바다에서 시작되었고, 바다 생물들은 광합성을 통해 지구 대기의 조성을 바꾸어 놓았다.
수십억 년의 세월 동안 생물들은 지구환경을 변화시키고, 또 그 변화된 환경에 적응하며 진화해 왔다.
한때 지구를 호령했던 공룡들은 언제 어떤 환경에서 살다가 자취를 감춘 것일까? 파충류와 포유류의 차이점은 무엇일까?
과거의 지질시대는 어떻게 구분하고 있으며, 그 시대의 주인공들은 어떤 생명체였을까?
호주 해변의 생생한 현장에서 주인공들과 함께 공부해 보자.

미션 8

호주 서부의 샤크만Shark Bay 해변.

3일 전, 클라닉 박사는 후배 교수와의 통화에서 뜻밖의 소식을 전해 들었다.

'판도라인이 지구과학 올림피아드의 진행을 접수했다고? 흠…….'

클라닉 박사는 지구과학 올림피아드 위원이지만 지구과학 올림피아드가 세계 각국에서 암암리에 진행되고 있다는 사실을 그동안 모르고 있었다. 교수 안식년을 맞아 침실이 딸린 밴을 몰고 대륙 횡단 여행 중이었기 때문이다.

그가 호주의 수도 캔버라를 떠나 동부 고지대와 중앙 저지대 분지, 사막과 서부 고원지대를 거쳐 이곳 해변까지 오는 데는 약 6개월이 걸렸다. 대부분의 시간을 오지에서 보냈기 때문에 연락이 두절된 상태였다. 후배 교수는 호주 대표로 선발된 학생 네 명을 비행기에 태워 박사에게 보내겠다고 말했다.

'돌아가신 스승님께서 전설과도 같은 판도라인의 이야기를 들려주신 적이 있었지. 고대 벽화에 남겨진 외계인의 실체에 대해 강독하실 때였을 거야……. 믿기 어려워서 흘려듣곤 했는데, 정말 그들이 실재하다니…….'

드르륵. 조끼에 들어 있던 휴대전화에서 진동이 느껴졌다. 댄햄 호텔 지배인에게서 온 전화였다.

"아, 학생들이 댄햄 호텔에 도착했다구요? 수고스럽겠지만 그 학생들을 해변의 제 텐트로 데려다 주시겠습니까?"

동부 지역 대도시 출신 학생들이 먼 거리를 마다 않고 이 먼 곳까지 오는 이유는 이번 미션이 고생물과 화석에 관한 것이기 때문이었다. 클라닉 박사는 이 분야의 세계적인 석학이다.

호텔 지배인은 친절하게도 직접 아이들을 승용차에 태워 데려왔다. 여학생인 안나 로손과 멜리사 바비에리, 남학생인 이몬 설리반과 데미안 모스는 박사를 향해 정중히 인사했다.

"먼 길 오느라 수고들 했다. 너희들을 위해 미리 몽골 텐트를 쳐 두었단다."

텐트 안은 매우 넓었고 접이식 침대와 둥근 원탁까지 마련되어 있었다. 안나와 멜리사는 바캉스를 온 것처럼 들떴다.

"야호! 정말 근사해요."

"정말 짱이세요. 멋쟁이 박사님."

"마음에 든다니 다행이구나."

"박사님, 오는 길에 보니까 바닷가에 둥근 바위들이 엄청 많이 있던데요. 그게 스트로마톨라이트죠?"

이몬의 질문에 박사는 고개를 끄덕이며 말했다.

"맞다. 이곳은 세계 자연 유산으로 지정된 곳이다. 35억 년 전부터 번성하기 시작한 생물체의 살아 있는 화석을 볼 수 있는 특별한 곳이지. 기왕 말이 나왔으니 짐들을 내려놓고 잠깐 해변 산책이나 할까?"

클라닉 박사는 해변을 걸으며 아이들에게 질문했다.

"스트로마톨라이트는 어떤 생물이지?"

데미안이 대답했다.

"양배추 모양의 생물이라고 알고 있어요."

"그래, 화석으로 산출되는 모양을 보면 양배추를 잘라 놓은 것처럼 보이기는 하지. 그럼 그게 양배추인가?"

"……."

아무도 대답하지 못하자 클라닉 박사가 설명했다.

"스트로마톨라이트는 돗자리 침대를 뜻하는 stroma와 암석을 뜻하는 litho가 결합된 말이다. 남조류 박테리아가 만든 구조물이지. 남조류는 선캄브리아 누대 때부터 번성했고, 지금 이곳 샤크만 해멀린 풀Hamelin pool 지역에서 그들을 만나볼 수 있단다."

해멀린 풀은 텐트에서 멀지 않은 곳에 있었다. 목적지가 가까워지자 둥근 형태의 바위들이 차츰 모습을 드러냈다.

클라닉 박사가 바위 가까이로 가더니 표면을 손가락으로 꾹꾹 누르며 말했다.

"이리 와서 너희들도 만져 보렴. 이것들은 융단처럼 푹신하단다."

샤크만 해멀린 풀 지역에 있는 스트로마톨라이트

"정말이네, 신기하다."

아이들은 연신 손끝으로 눌러 보며 촉감을 음미했다.

"남조류는 낮에 광합성을 하면서 위로 자라지만 밤에는 옆으로 눕게 되는데, 그 사이사이에 작은 모래 알갱이들이 끼어들어 차츰 두꺼워지면서 층층이 쌓이는 형태로 자라는 것이지."

클라닉 박사는 메고 온 배낭에서 필기구를 꺼내더니 스트로마톨라이트의 성장 과정을 그리기 시작했다. 색칠까지 하며 정성 들여 그린 그림을 아이들에게 보여 주었다.

아이들은 진지하게 몰두하는 학자의 모습을 보며 감명받았다. 그저 시험을 위해 지

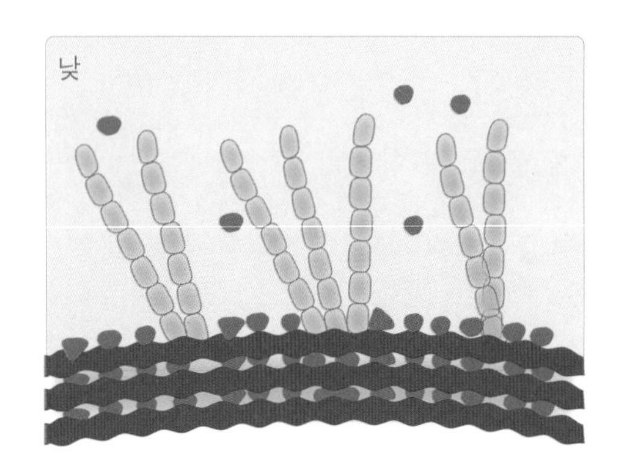

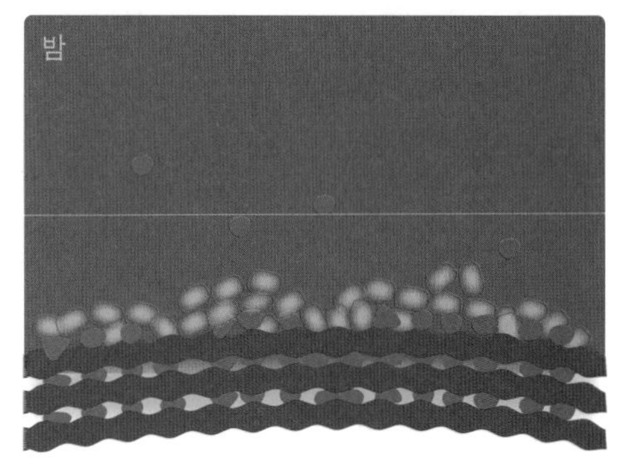

식을 외워 대기만 하는 공부 방식이 얼마나 얄팍한 것인가를 깨닫고 자못 부끄러웠다.

박사가 말했다.

"자, 이제 중요한 질문을 하나 하마. 이 바다 생물은 지구에 생물이 번성하게 한 원천과도 같다. 아주 옛날 번성했던 이것들이 어떤 일을 했는지 대답해 보겠니?"

안나가 손을 들었다.

"광합성을 통해 바다와 대기에 산소를 공급했을 것 같아요. 원시대기는 이산화탄소와 질소가 주성분이었는데, 이 생물들이 대기 조성을 바꿔 놓은 게 아닌가요?"

클라닉 박사가 환하게 웃으며 말했다.

"바로 맞혔다. 조류 박테리아는 지구 대기 조성을 바꾸어 놓았고, 다른 생물들은 그 조성에 맞추어 진화의 길을 걷게 되었던 것이다."

해가 뉘엿뉘엿 기울기 시작해서 일행은 해변 길을 따라 텐트로 돌아왔다. 낮에는 바다에서 육지를 향해 바닷바람이 불었는데, 지금은 바람이 거의 불지 않아서 **바다가 잔잔했다**. 클라닉 박사는 텐트로 돌아오자마자 두루마리 더미에서 지질 연대표를 꺼냈다. 벽면에 펼쳐 건 지질 연대표에는 각 시기에 출현한 생물들의 종류가 촘촘히 기재되어 있었다.

낮과 밤, 풍향이 뒤바뀌는 해변

낮에는 시원한 바다 쪽이 뜨거운 육지에 비해 공기의 밀도가 높아지기 때문에 바다에서 육지 쪽으로 '해풍'이 불고, 밤이 되면 육지가 빨리 냉각되어 육지 쪽의 공기 밀도가 높아지기 때문에 육지에서 바다 쪽으로 '육풍'이 불게 된다. 아침이나 저녁에는 바다와 육지의 온도 차이가 작아져서 바람이 잔잔해지는데, 이때를 '뜸'이라고 한다. 바다와 육지의 온도가 달라지는 이유는 물질의 비열 차이(물은 비열이 커서 같은 열량을 흡수해도 천천히 온도가 상승하고 천천히 식는다.) 때문이다.

"지질시대의 구분에 대해서는 학교에서 배워 잘 알고들 있을 것이다. 약 46억 년 지구의 공전궤도에 흩어져 있던 작은 소행성들이 중력으로 충돌, 합체하면서 지구가 형성되기 시작했지. 몇 억 년 충돌을 거듭하는 동안 지구는 점점 뜨거워져서 마그마의 바다가 되었고, 충돌이 뜸해지자 수증기가 식어 비가 내려서 바다와 지각이 형성되기 시작했지. 그 시기는 약 39억 년 전으로 추측된단다."

데미안이 질문했다.

"박사님, 지질시대의 시작을 46억 년 전으로 보아야 하나요, 아니면 지각이 형성된 39억 년 전으로 보아야 하나요? 책마다 다르게 쓰여 있는 것 같아서요."

안나도 질문에 공감하며 말했다.

"우리 학교 교과서에서는 '지각이 형성된 38억 년 전'이라고 쓰여 있어요."

박사가 대답했다.

"지질시대를 정의하는 관점이 애매모호하기 때문에 그런 차이가 발생하는 것이란다. 그래서 세계층서학회에서는 40~46억 년의 시기를 '하데안Hadean'이라 명명했는데 공식 명칭은 아니야. 하데안은 저승의 신 하데스Hades에서 비롯된 말이니까……. 생물이 살기 어려운 지옥과 같았던 시기라고 할 수 있지."

멜리사가 걱정스러운 얼굴로 질문했다.

"박사님, 고세균, 진정세균부터 호모사피엔스까지 생물 종이 엄청 많아요. 우리가 저걸 다 외워야 하나요?"

박사는 미소를 지으며 말했다.

"의미도 모른 채 외우는 것은 공부가 아니란다. 자연의 현상이나 사물에 대해서 관심이 가는 것에 몰두하다 보면 자연스럽게 지식이 확장되고 저절로 기억되게 마련이다. 너희들이 생물학자는 아니지 않니? 무턱대고 다 외워 알려고 할 필요는 없단다."

"그래도, 내일 판도라의 미션에서 어려운 문제가 나오면 어떡해요?"

박사는 껄껄껄 웃었다.

"얘야, 어려운 문제를 내서 틀리게 할 작정이라면 굳이 너희들을 시험할 것도 없잖니? 판도라의 과학 수준이라면 지구의 박사들을 모두 모아 놓고 시험을 치러도 빵점을 만들 수 있어. 안 그래?"

박사의 말은 아이들의 마음을 편하게 만들었다. 멜리사가 말했다.

"그러니까 우리 주변에서 관심이 가는 것들을 위주로 공부하면 된다, 이 말씀이시지요?"

박사는 고개를 끄덕이고 나서 말했다.

"오늘 해멀린 풀에서 본 남조류는 대기에 산소O_2를 공급했다. 그런데 지구 대기에 일어난 사건으로 또 하나 중요한 것이 있다. 그것은 바로 대기 중의 이산화탄소CO_2의 함량 변화다. 지구 탄생 초기에는 이산화탄소가 지금보다 20만 배는 많았을 것으로 추정되는데, 그 많던 이산화탄소는 모두 어디로 사라진 것일까?"

안나가 대답했다.

"바닷물에 용해되어 침전되었기 때문이라고 배웠어요."

박사가 말했다.

"어떤 물질로 침전되었지?"

멜리사가 대답했다.

"석회암이요."

박사가 설명을 덧붙였다.

"그래, 이산화탄소CO_2는 물에 녹아 탄산 이온CO_3^{2-}이 되고, 다시 칼슘 이온Ca^{2+}과 결합하여 석회암$CaCO_3$으로 침전된다. 이 과정은 화학적으로 진행되기도 하지만, 생물들에 의해서 이루어지는 과정이 더 중요하단다. 남조류가 그 역할에도 참여했지. 스트로마톨라이트는 석회질의 암석이거든. 남조류와 같은 단세포 박테리아, 플랑크톤들은 이산화탄소의 양을 80% 정도 줄이는 데 역할을 한 것으로 본단다. 그리고 산호 동물도

지질 연대표
International Stratigraphic Chart

이언	대	기	연대 단위 백만 년 전
현생이언	신생대	제4기	2.588
		신제3기	23.05
		고제3기	65.5
	중생대	백악기	145.5
		쥐라기	199.6
		삼첩기	251.0
	고생대	페름기	299.0
		석탄기	359.2
		데본기	416.0
		실루리아기	443.7
		오르도비스기	488.3
		캄브리아기	542.0
선캄브리아 시대 / 원생이언	신원생대		1000
	중원생대		1600
	고원생대		2500
시생이언	신시생대		2800
	중시생대		3200
	고시생대		3600
	시시생대		4000
하데안 (암흑대)			4600

계통 발생 시기에 따른 주요 생물군

호모사피엔스, 호모에렉투스, 호모하빌리스

오스트랄로피테쿠스, 침팬지, 고릴라, 오랑우탄
긴팔원숭이
구대륙원숭이, 신대륙원숭이, 안경원숭이, 여우원숭이
설치류, 토끼류, 식육목(개, 고양이, 곰), 말목(말, 코뿔소),
고래소목(영양, 사슴, 소, 낙타, 돼지, 하마), 박쥐류, 식충목
(두더지, 고슴도치), 빈치류(아르마딜로, 나무늘보, 개미핥기),
코끼리, 매머드, 참새, 닭, 꿩, 공작, 기러기,
유대류(주머니쥐, 캥거루, 코알라), 단공류(오리너구리,
바늘두더지) 연어, 송어, 잉어, 청어, 멸치, 뱀장어,
이구아나, 카멜레온, 뱀류, 도마뱀류, 골설어, 악어류
옛도마뱀류
거북류
사우롭시드, 포유류형파충류(반룡류, 수궁류, 키노돈류)
무족영원류, 육상척추동물, 양서류, 철갑상어
은상어, 가오리, 홍어, 악상어, 귀상어, 수염상어
폐어
실러캔스(육기어류:살로 된 지느러미)
조기어류(Ray-finned fish:부채 같은 지느러미)
연골어류(상어)

칠성장어, 먹장어, 바다전갈

창고기, 멍게, 극피동물(해삼, 멍게, 불가사리, 바다나리)
환형동물, 연체동물, 유형동물, 내항동물, 복모동물,
선형동물, 두문동물, 곤충, 지네류, 갑각류, 유조동물,
완보동물, 모악동물, 총수담륜동물, 달팽이, 굴,
암모나이트, 이매패류, 완족동물, 편형동물, 와충류,
무체강편형동물, 자포동물(말미잘, 히드라, 해파리),
갯민숭달팽이, 산호동물, 유즐동물, 판형동물, 해면동물,
동정편모충류, 균류(미포자충류, 병꼴균류, 빵곰팡이류,
털곰팡이류, 균근류, 버섯)
아메바, 점균류
회조류, 홍조류, 녹조류, 갈조류, 섬모충류, 말라리아충류,
방산충류, 유공충류, 유글레나, 트리파노소마, 람블편모충,
굴착편조충, 남조류
고세균, 진정세균

* 생물 계통 참고 문헌
조상이야기 생명의 기원을 찾아서 The Ancestor's Tale: A pilgrimage to the Dawn of Life
리처드 도킨스 지음 | 이한음 옮김 | 2005 | 까치글방

* 지질 연대표는 국제층서학위원회 2009 기준에 따름
www.stratigraphy.org

그레이트 베리어 리프

중요한 역할을 했어. 산호의 시체로 이루어진 석회암 지대로 유명한 곳이 호주에 또 있는데 알고 있지?"

아이들은 모두 합창하듯이 대답했다.

"그레이트 베리어 리프Great barrier Reef!"

그레이트 베리어 리프는 호주 북동부 해안 넓은 지역에 분포하는 산호초 지대이기 때문에 동부 출신인 아이들에게는 친숙한 지명이었다.

클라닉 박사가 자리에서 일어서며 말했다.

"준비한 것은 없다만, 이제 저녁 식사를 하자꾸나. 잠시만 기다려 다오."

박사가 내놓은 식사는 콩 수프와 마른 쇠고기, 보리 빵이었다. 늘 먹던 부드러운 음식이 아니었지만, 아이들은 달게 먹었다. 날이 어두워져서 박사는 기름 램프 세 개에 불을 붙여 텐트 기둥 모서리에 걸었다. 램프의 불빛이 세 곳에서 비치자 아이들의 얼굴이 따뜻하고 고와 보인다. 박사의 회색 콧수염은 그림자 효과로 인해 더욱 도드라져 보였다.

"자, 이제 고생대로 넘어갈까?"

박사의 말에 아이들은 정신을 가다듬었다.

고생대는 무척추동물의 시대 또는 삼엽충의 시대라고 불리는 시기로 생물의 종수가 폭발적으로 증가한 시대였다. 껍질을 가진 삼엽충과 완족류는 딱딱한 껍질에 싸여 있었기 때문에 상당한 양이 화석으로 변해 현재까지 남아 있다.

이 시대에는 최초의 척추동물인 어류가 출현했으며, 바다에만 살던 생물들이 육지로 진출하는 생태 환경의 확장이 일어난 시기이기도 하다. 이는 산소의 증가로 인한 오존O_3의 생성이 가져온 변혁이었다. 대기 성층권에 오존층이 형성되면서 태양에서 오는 자외선이 차단되었고, 덕분에 바닷속에서만 살던 생물들이 육지로 올라올 수 있는 환경이 조성된 것이다.

고생대 후기에는 육지에 번성한 양치식물이 거대한 숲을 이루었고, 양서류와 곤충류가 번성했다. 양서류의 뒤를 이어 파충류가 등장했으며, 파충류형 포유류로 불리는 종류도 출현하여 번성했던 것으로 짐작된다. 그러나 고생대 말에는 삼엽충을 비롯한 생물 화석종의 90%가 멸종하는 격변이 일어난다.

이는 모든 대륙이 하나로 합쳐져 생긴 초대륙 판게아의 형성과도 관계가 있는 것으로 여겨지며, 거대한 운석의 충돌로 인한 것일 가능성도 제기되고 있다. 학교 교과서에 화석으로 소개되고 있는 바다전갈, 필석, 코노돈트, 푸줄리나(방추충) 등도 이 시대에 번성한 생물이었다.

고생대에 관한 탐구를 끝내고 잠시 쉬는 동안에 데미안이 클라닉 박사의 배낭 옆에서 그림 한 장을 발견하고는 호기심을 보였다.

"박사님, 이 그림은 직접 그리신 거예요?"

"아, 그래. 여행길에서 마주쳤던 동물들을 스케치한 것이란다. 우리 호주 대륙을 대표하는 녀석들이지. 소개해 주마."

"유대류有袋類라는 말은 '주머니가 있는 종류' 라는 뜻이다. 캥거루와 코알라 그 밖에 주머니쥐, 주머니두더지, 주머니땃쥐가 여기에 속하는데, 이들은 약 1억 4천만 년 전 중생대 백악기 초부터 살던 것으로 여겨진다. 갓 태어난 새끼는 어미의 주머니로 이동하여 젖을 먹고 성장하게 된다."

이몬이 말했다.

캥거루

코알라

유대류

오리너구리

바늘두더지

단공류

"코알라는 한 종류의 나뭇잎만 먹고 산다고 들었어요."

클라닉 박사가 고개를 끄덕이며 말했다.

"이몬의 말이 맞다. 코알라의 식성은 특별해서 오직 유카리 나뭇잎만 먹고 산단다."

박사는 계속 설명했다.

"단공류單孔類는 '구멍이 하나인 종류' 라는 뜻이다. 보통의 포유류와 달리 배설과 생식을 총배설강이라는 하나의 기관을 통해 해결하기 때문에 그런 이름이 붙은 것이란다. 또한 알을 낳는다는 점에서 파충류나 조류도 특징을 가지고 있지만 엄연히 젖을 먹여 새끼를 기르는 포유류다.

발에는 물갈퀴가 달려 있고, 꼬리는 비버를 닮았고, 부리는 오리를 닮았으니, 오리너구리를 처음 본 다른 대륙의 사람들은 여러 동물을 조합하여 만든 가짜 동물이라고 오해도 했었단다. 단공류는 1억 8천만 년 전쯤부터 번성하기 시작한 것으로 본다. 공룡들이 판을 치던 중생대 쥐라기 초엽이지."

데미안이 질문했다.

"박사님, 포유류는 파충류에서 진화한 것이 아닌가요?"

"좋은 질문이다. 과거에는 네 말대로 포유류가 파충류에서 진화한 것으로 생각하는 학자가 많았다. 그러나 최근에는 포유류와 파충류가 각기 독립적으로 진화한 것으로 보는 견해가 지지를 받는 추세란다."

"그럼, 단공류가 최초의 포유류인가요?"

클라닉 박사는 고개를 저었다.

"약 3억 년 전, 그러니까 고생대 후기에 '파충류형 포유류' 라 불리는 종류가 번성했었다. 반룡류, 수궁류가 바로 그 그룹이지. 이들은 석탄기에 이미 파충류의 진화 경로와 다른 길을 걸었어. 페름기에 큰 세력을 형성했으며 중생대 트라이아스기에 진짜 포유류로 진화한단다."

이몬이 고개를 가로저으며 말했다.

"현존하는 생물을 연구하는 것도 쉽지 않은데, 고생물을 추적 연구하는 것은 정말 어려운 일인 것 같아요."

"그래, 정답을 알 수 없다는 점에서 고난도의 퍼즐 맞추기보다 더 힘든 일이지."

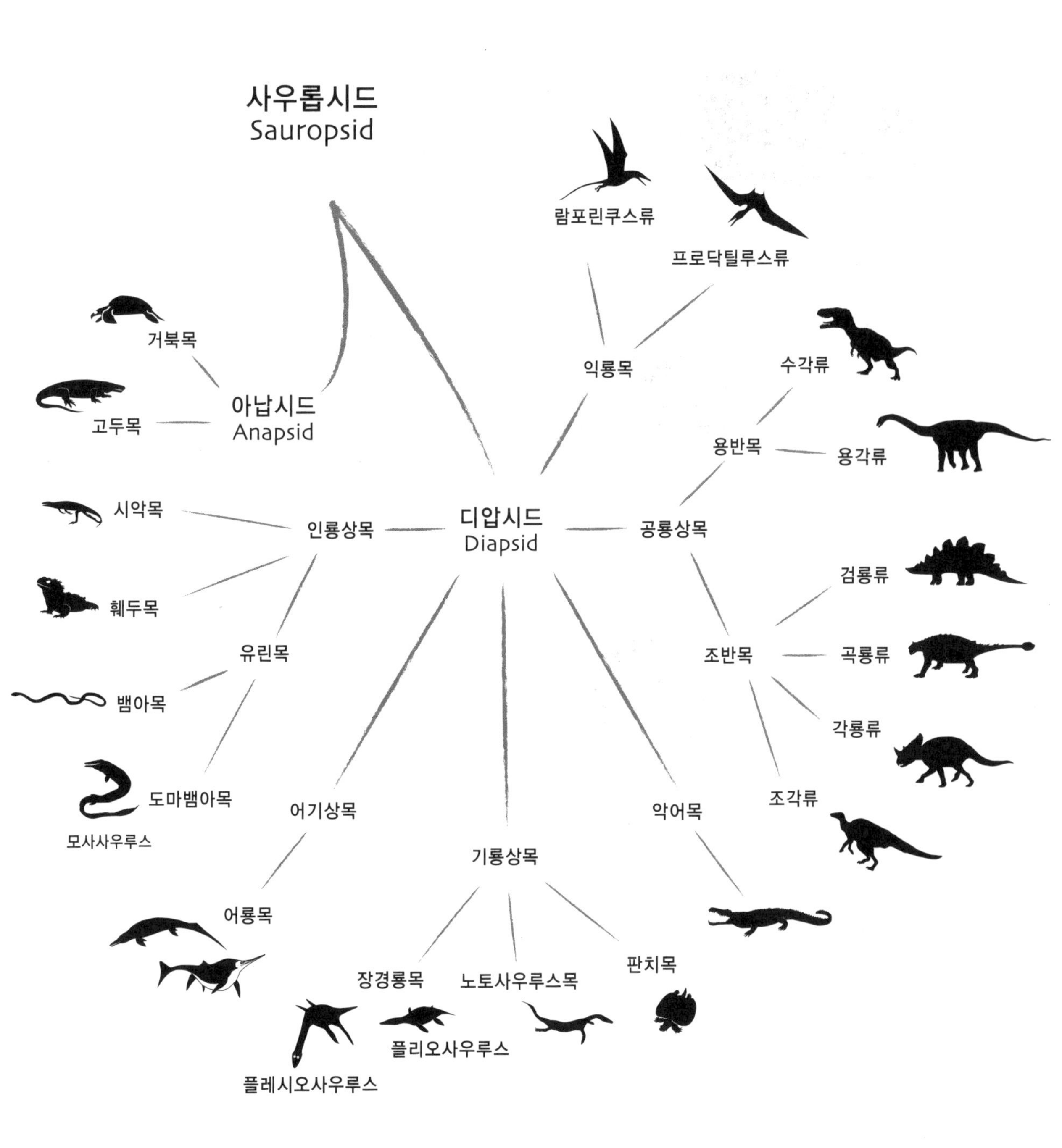
사우롭시드
Sauropsid
람포린쿠스류
프로닥틸루스류
거북목
익룡목
수각류
아납시드
Anapsid
고두목
용반목
용각류
시악목
인룡상목
디압시드
Diapsid
공룡상목
검룡류
훼두목
유린목
조반목
곡룡류
뱀아목
각룡류
도마뱀아목
모사사우루스
어기상목
악어목
조각류
기룡상목
어룡목
판치목
장경룡목
노토사우루스목
플리오사우루스
플레시오사우루스

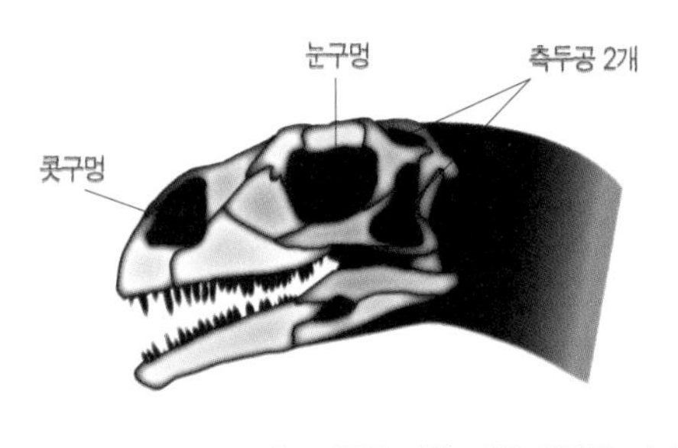

Diapsid 공룡, 익룡, 어룡, 장경룡, 악어, 뱀

Anapsid

Sauropsid
파충류, 조류

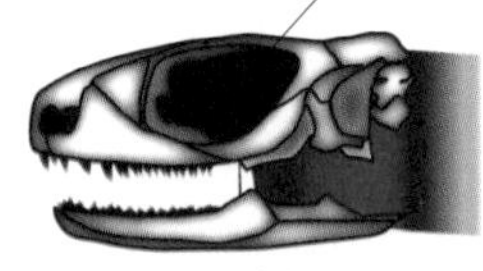

원시 파충류, 거북이

Mammalia
포유류, 젖먹이 동물

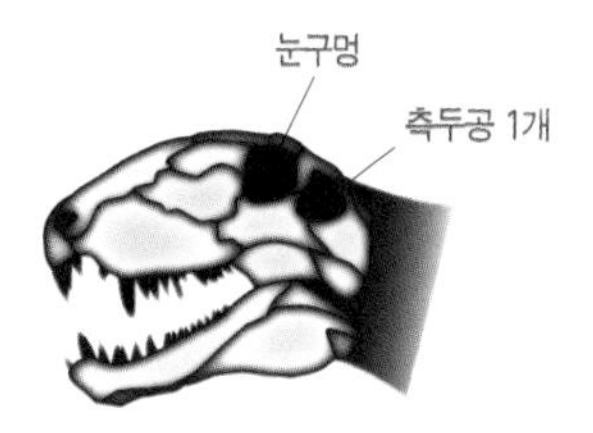

Synapsid
반룡목, 수룡목, 포유류

클라닉 박사는 노트북을 가져와 전원을 켜며 말했다.

"자, 시간이 많이 늦었다. 이제 중생대로 가자꾸나. 중생대는 어린이들이 좋아하는 공룡이 번성했던 시대지. 육지는 공룡과 익룡, 바다는 어룡과 **장경룡**이 지배하고 있었기 때문에 포유류는 눈치를 보며 숨어 지내던 시대였다.

바다에는 암모나이트, 벨렘나이트와 같은 **두족류**가 번성했고, 육상에는 은행나무, 소철나무와 같은 겉씨식물이 번성했다. 중생대 쥐라기 지층에서는 시조새 화석이 발견되었는데, 이는 가장 오래된 새이며 파충류와 조류의 특징을 모두 지니고 있어서 조류가 파충류에서 진화했다는 것을 보여 준다."

노트북이 부팅되자 클라닉 박사는 화면을 띄웠다.

"그림을 보자. 사우롭시드Sauropsid는 파충류와 조류鳥類를 묶어서 부를 때 쓰는 말이다. 조류는 파충류에서 진화했는데, 파충류Reptile는 새 종류를 포함하지 않는 용어이기 때문에 사우롭시드가 계통발생학적 의미에서 더 올바른 분류 용어라 할 수 있지."

"사우롭시드는 크게 아납시드Anapsid와 디압시드Diapsid로

장경룡과 수장룡은 다른 종류인가?
장경룡長頸龍은 목이 긴 용이라는 뜻을 가지고 있는데, 머리가 길다는 뜻으로 수장룡首長龍으로 불리기도 한다.

두족류頭足類
머리에 다리가 달린 종류를 두족류(두족강)라고 부르는데, 오징어류, 문어류, 낙지류, 앵무조개류 등이 이에 속한다. 오징어의 두 눈은 다리에 가까운 쪽에 있고, 입은 열 개의 다리 중심 쪽에 있다. 눈과 입이 있는 쪽이 머리 부분이므로, 몸통 끝 세모꼴의 얄팍한 부분(흔히 오징어 대가리라고 불리는 부분)은 꼬리지느러미에 해당한다. 수족관에 헤엄치는 오징어는 검고 둥근 눈이 있지만, 말린 오징어에는 눈이 없다.

분류한다. 거북은 아납시드류에 속하고 나머지 공룡, 익룡, 악어, 어룡, 장경룡, 뱀 등은 디압시드로 분류된다."

어린 시절 공룡 모형을 가지고 놀던 이몬과 데미안은 고개를 끄덕이며 흥미롭다는 듯이 눈을 깜빡거렸지만, 안나와 멜리사는 용어가 생소하여 쉽게 이해할 수가 없었다.

여학생들의 안색을 본 클라닉 박사는 다른 화면을 띄우며 설명을 덧붙였다.

"그림을 잘 보렴. 아납시드는 An(없다), Apsis(측두공 : 활 모양의 타원형 구멍)의 합성어란다. 두개골 측면에 구멍이 없다는 뜻이고, 디압시드는 Di(둘)와 Apsis의 합성어이므로 두개골 측면에 구멍이 두 개 있다는 뜻이다. 포유류의 경우는 측두공이 한 개라는 점에서 파충류와 다르지."

클라닉 박사는 사우롭시드 화면을 다시 띄우고 나서 말을 이었다.

"사람들은 대개 익룡, 어룡, 장경룡까지 묶어서 공룡이라고 생각하는 경우가 많은데, 그것은 옳지 않다. 공룡은 용반목과 조반목이라는 두 개의 목에 해당하는 것을 지칭하는 것이란다."

여학생들은 갈수록 어렵다는 표정을 지었다. 클라닉 박사는 화면의 그림을 또 바꾸며 말했다.

"용반목龍盤目은 도마뱀의 골반 구조를 가진 녀석들이고, 조반목鳥盤目은 새 궁둥이

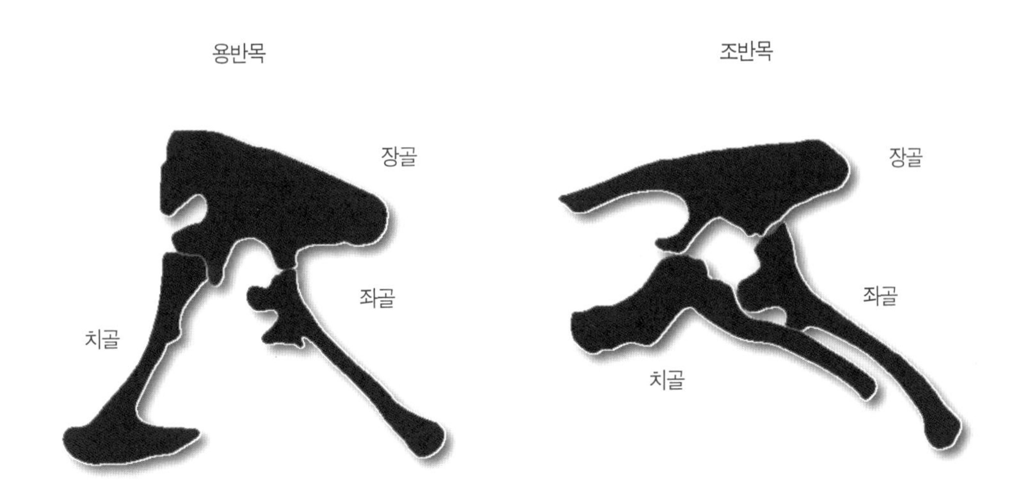

골반 구조를 가진 녀석들을 말한다. 그림을 너무 자세히 볼 필요는 없다. 이런 분류는 학자들의 일이니까 말이다."

안나가 질문했다.

"박사님, 그럼 조반목이라는 종류가 조류로 진화한 것이겠네요?"

클라닉 박사가 손을 내저으며 말했다.

"그건 아니다. 아이러니하게도 새는 용반목의 수각류에서 진화했다. 궁둥이뼈 모습이 비슷하다고 오해해서는 안 된다."

멜리사가 "에휴~" 하고 한숨을 내쉬었다.

클라닉 박사는 미안한 표정을 지으며 말했다.

"용어나 내용이 어렵다고 해서 무턱대고 외우는 것도 바람직하지 않지만 그 반대로 포기해서도 안 된다. 뱀이나 도마뱀은 '유린목有鱗目'에 속해 있는데, 그 뜻은 비늘이 있는 종류라는 뜻이다. 이런 뜻은 여러분이 인터넷이나 사전을 이용하여 찾아보면 알아낼 수 있는 것들이다. 그게 여러분이 스스로 해야 하는 공부 중의 하나인 것이지."

클라닉 박사의 강의는 좀 더 이어지다가 자정 무렵에야 끝났다.

"지금까지 설명한 것들을 여러분이 모두 이해할 것이라고는 기대하지 않는다. 그런데도 어려운 내용을 다룬 이유는, 선뜻 이해하기 힘든 무엇인가가 남아 있어야 흥미를 잃지 않고 공부할 수 있기 때문이다. 오늘 먼 길을 이동하느라 무척 피곤했을 텐데 졸지 않고 열심히 배우려는 여러분의 태도는 정말 훌륭했다."

클라닉 박사가 밴으로 돌아간 뒤에도 아이들은 오랫동안 잠을 이루지 못했다. 내일 있을 판도라 미션에 대한 부담 때문은 아니었다. 지구와 생명, 그리고 우주를 이루는 모든 존재에 대한 경외심이랄까……, 설명하기 힘든 뭉클함이 오랫동안 가슴을 먹먹하게 한 탓이었다.

이몬은 침대에 누워 기억을 더듬으며 복습했다.

"익룡은 꼬리가 긴 종류와 꼬리가 짧은 종류로 나뉜다. 람포린쿠스……, 프로닥틸루스……. 익룡의 날개막은 네 번째 손가락에 의해 펼쳐진 것이다……. 대형 파충류 무리들은 그렇게 번성하다가 6,500만 년 전 백악기 말에 떨어진 소행성의 충돌로 인하여 급격한 멸종의 시기를 맞았고……, 살아남은 포유류들이 드디어 지상을 활보하며 신생대를 열어 가게 된다."

드디어 미션의 날이 밝았다.

끼룩끼룩 시끄러운 울음소리에 아이들은 잠에서 깨었다.

멜리사가 눈을 비비며 텐트 밖을 내다보다가 눈이 휘둥그레졌다.

"저게 뭐야? 새 같기도 하고, 아닌 것 같기도 하고?"

다른 아이들도 주섬주섬 옷을 입고 텐트 밖으로 고개를 내밀었다. 야트막한 모래언덕 위에서 수탉처럼 생긴 놈이 손짓을 하듯이 날개를 파닥대고 있었다. 붉고 푸른 깃털로 치장한 녀석은 길쭉한 꼬리에도 색동 깃털을 달고 있었다.

데미안이 모래언덕 쪽으로 다가가며 큰 소리로 말했다.

"야, 이거 날개가 네 개인데? 와, 신기하게 생겼다."

몸길이는 60센티미터 남짓. 실제 날개는 두 개였다. 두 다리 뒤쪽으로 길게 깃털이 뻗어 있어서 그렇게 보일 뿐이었다. 녀석은 깡충깡충 뛰면서 날개도 함께 퍼덕였는데, 마치 "날 잡아 봐라, 메롱." 하고 놀리는 듯했다.

"뭐 저런 게 다 있어?"

데미안이 어이없어하는 동안에 이몬이 달려와 외쳤다.

"저, 저것은? 미크로…… 랍토르?"

안나와 멜리사도 뛰어왔다.

"저게 뭐라고?"

"저거, 텔레비전 영상으로 본 적 있어. '한반도의 공룡'이라는 프로에서 숲 속의 공주라 불리던 녀석이야, 미크로랍토르……. 중생대 백악기 때 살던 공룡인데 중국에서 발견되었어. 우리나라에서 발견된 것은 아니야. 새처럼 날 수 있는 일종의 시조새라고 할까?"

아이들은 모두 깜짝 놀라며 말했다.

"뭐어? 그럼 저것이 이 해변에 어떻게 나타난 거야? 멸종된 것이 부활한 거야?"

순간, 미크로랍토르는 날개를 퍼덕이며 언덕 너머로 모습을 감췄다.

아이들은 모래언덕 위로 뛰어 올라갔다. 그러나 언덕 너머엔 아무것도 없었다. 휑하니 넓은 모래벌판이 아득하게 이어질 뿐.

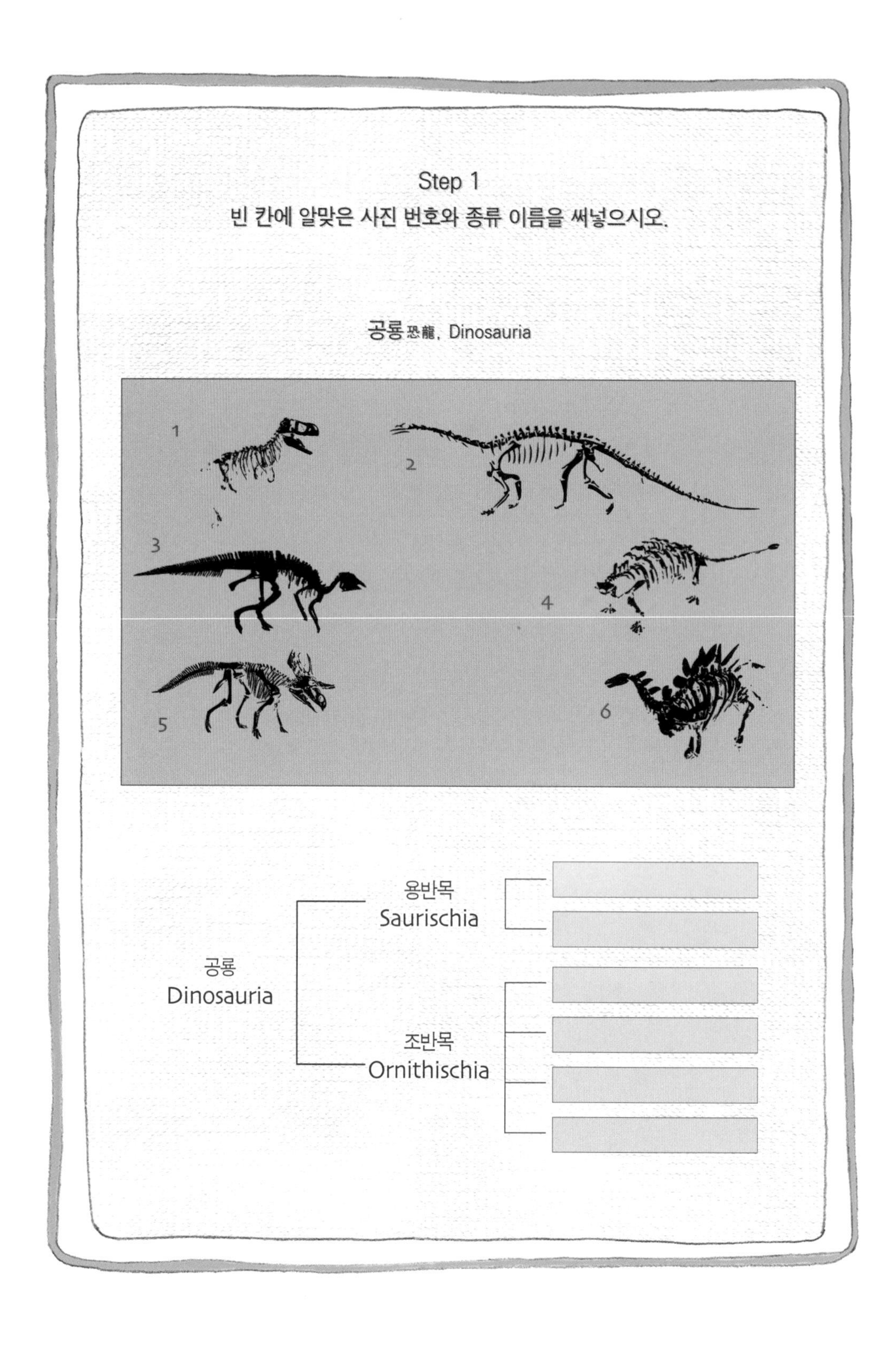
Step 1
빈 칸에 알맞은 사진 번호와 종류 이름을 써넣으시오.
공룡 恐龍, Dinosauria
1
2
3
4
5
6
용반목
Saurischia
공룡
Dinosauria
조반목
Ornithischia

"귀신이 곡할 노릇이네. 감쪽같이 증발했어!"

이때였다. 몇 십 미터 앞 모래땅이 꾸물꾸물 움직이기 시작했다.

"녀석이 땅속으로 들어갔나?"

아이들이 발걸음을 옮기려는 찰나, 모래땅의 요동이 빨라지며 동시에 여러 지점이 꿈틀대기 시작했다. 마치 거대한 두더지들이 땅속을 돌아다니는 듯이 울룩불룩 요동친다.

"이게…… 뭔 일이야……?"

아이들은 넋을 잃고 바라보았다. 난생처음 보는 희한한 광경이다. 모래땅의 요동은 더욱 빨라지더니 도미노처럼 물결치며 검은 모래와 흰모래가 분리되기 시작했다.

스스스스……. 흰모래는 밭이랑처럼 솟아오르며 길고 둥근 골격의 형태를 갖추기 시작했고, 검은 모래는 흘러내려 카펫이 펼쳐지듯 사방으로 번져 나갔다.

"모래 알갱이들이 형상을 만들고 있어."

안나의 목소리가 갑자기 높아졌다.

"얘들아, 판도라의 미션이 벌써 시작된 거야!"

이윽고, 넓은 모래사장의 풍경은 마치 공룡의 뼈를 발굴하는 현장처럼 변했다.

"스텝 1, 공룡의 종류 이름을 써넣으시오? 어렵지 않은 문제네……."

"맞아, 어제 클라닉 박사님이 보여 준 그림에 다 나와 있던 것들이야."

"1번 수각류, 2번 용각류, 3번 조각류, 4번 곡룡류, 5번 각룡류, 6번 검룡류……. 얘들아, 맞지?"

모두 고개를 끄덕였다.

"답 글씨는 손가락으로 쓰면 되겠지? 부드러운 모래니까 말이야."

아이들은 조심스럽게 빈칸이 그려져 있는 지역으로 걸어가 답을 써넣었다.

이윽고 답란이 모두 채워졌을 때, 언덕 위에서 끼룩끼룩 소리가 들려왔다. 아까 그 미크로랍토르였다. 풀쩍풀쩍 뛰면서 날갯짓을 했다.

"언덕 위로 올라오라는 것 같은데?"

아이들이 언덕 위에 올라서자, 바다 쪽에서 회오리바람이 일었다.

"토네이도가 발생한 것 같아. 바람이 이쪽으로 오고 있어."

토네이도는 모래사장 쪽으로 빠르게 이동해 오더니 이리저리 빙글빙글 돌면서 모래 그림을 빨아들이기 시작했다.

"햐, 판도라 미션 정말 재미있네."

모래사장은 삽시간에 평지로 변했다.

잠시 후 바다를 배경으로 빨간 거울이 나타났다. 곧이어 노랑, 파랑, 초록색의 페인트가 거울 표면 위로 흘러내렸다.

이윽고, 거울이 그려 낸 그림은 중생대의 풍경이었다. 아이들은 거울 가까이로 다가갔다. 거울 속 해변에는 뼈가 훤히 보이는 공룡들이 해변을 어슬렁거리고 있었다.

"그림들이 움직인다. 호호, 되게 신기하네."

거울에는 스텝 2 문제가 쓰여 있었다.

"중생대에 어울리지 않는 녀석을 고르고 이유를 말하라고?"

이몬이 중얼거리자 데미안이 대답했다.

"공룡, 익룡, 어룡, 장경룡은 모두 중생대에 번성했던 녀석들이잖아. 음, 딱 하나가 아니네. 바닷가에 헤엄치고 있는 거, 삼엽충 맞지?"

멜리사가 말했다.

"그래, 삼엽충은 고생대 초에 출현해서 고생대가 끝날 때 모두 멸종했잖아. 물속에서 헤엄치고 있는 삼엽충은 어울리지 않는걸."

멜리사의 말이 끝나자 언덕 위에서 미크로랍토르가 나타나더니 쏜살같이 아이들을 향해 돌진했다.

"엄마야, 저게 미쳤나 봐. 다들 피해! 충돌하겠어."

미크로랍토르는 방향을 바꾸지 않고 그대로 돌진하더니 다이빙을 하듯 거울을 향해 날았다.

퍽! 아이들은 질끈 눈을 감았다. 미크로랍토르는 거울과 충돌하여 머리가 깨졌을 터였다. 아이들이 눈을 떴다.

"잉?"

미크로랍토르는 거울 속에서 우스꽝스러운 표정을 짓고 있었다.

"뭐야? 거울 속으로 들어간 거야?"

Step 2

중생대 모습을 나타낸 그림에서 어울리지 않는 생물 종을 골라내고 이유를 말하시오.

미크로랍토르는 거울 속에서 깡충깡충 뛰며 두 날개를 박수하듯 퍼덕거렸다. 잘했다고 칭찬을 하는 듯했다. 잠시 후 거울은 엷은 색으로 변하더니 점차 투명해졌고, 마침내 햇빛에 안개가 스러지듯 사라졌다.

"미션 성공! 여러분 아침 식사 맛있게 드세요."

거울이 완전히 증발하기 직전에 뜬 인사 문구가 사라지자, 바다 쪽에서 선선한 아침 바람이 불어오기 시작했다.

달 기지의 퉁가바우 교수와 학생들은 아침 식사를 하며 호주 미션에 대해 이야기를 나누었다.

"교수님, 이번 미션은 아이들이 공부를 많이 했는데, 문제는 왜 그리 싱겁게 나온 거죠?"

한 학생의 질문에 퉁가바우 교수가 말했다.

"열심히 공부했기 때문에 쉽게 느껴진 것뿐이다. 사실 이번 미션은 문제 풀이가 아니라 아이들의 학습 과정 자체가 미션이었다. 클라닉 박사의 지도 아래 성실하게 공부하는 모습이 아름다웠기 때문에 그것으로써 이미 미션은 성공했던 것이지."

토롱테이가 질문했다.

"검은 모래와 흰모래를 분리하여 형상을 만드는 작업에는 어떤 기술이 사용된 것인가요?"

퉁가바우 교수가 말했다.

"작업 과정의 세세한 기술은 잘 모르겠다만, 원리는 검은 모래와 흰모래의 성질이 다른 점을 이용한 것이다."

"모래의 성질이 달라요?"

"그래, 검은색을 띠는 모래는 흰색의 모래에 비해 비중이 크다. 또한 철 성분을 많이 포함하고 있다. 때문에 두 모래는 중력과 자력에 반응하는 힘에서 미약하나마 차이가 있는데 바로 그 차이를 이용한 것이지."

클라닉 박사는 아이들을 데리고 댄햄 호텔에서 아침 식사를 했다.

"안나, 멜리사, 이몬, 데미안 모두 수고 많았다. 미션을 성공한 기념으로 오늘 샤크만의 상어 떼를 구경시켜 주마. 운이 좋으면 바다소 듀공을 볼 수 있을지도 몰라."

야호! 아이들은 아침 식사를 하다 말고 식당이 떠나갈 듯이 소리를 질렀다.

듀공
바다소목 듀공과의 커다란 해양 포유동물. 홍해와 동부 아프리카에서 필리핀, 뉴기니, 오스트레일리아 북부까지 수심이 얕은 연안에 서식한다. 몸길이는 2.2~3.4미터 가량이며, 둥글고 끝이 가느다란 몸체를 하고 있는데, 몸 끝에는 수평으로 2갈래로 갈라지고 각 갈래의 끝이 뾰족한 꼬리지느러미가 있다. 앞다리는 둥근 지느러미처럼 생겼으며, 뒷다리는 없다. 머리는 목이 없이 몸통과 직접 연결되는데, 강모가 많고 네모진 넓은 주둥이가 있다.

사진:Julien Willem

미션 9

우리가 사는 지구의 표면은 단 1초도 조용했던 적이 없다.
지금 이 순간에도 지구 어딘가에는 지진이 발생하고 있으며, 화산들은 가스와 마그마를 뿜어 대고 있다.
이는 지구의 표면이 쉼 없이 움직이고 있기 때문에 일어나는 현상이다.
지구의 표면은 10여 개의 큰 판들로 이루어져 있고, 판들은 부딪히거나 갈라지거나 스치면서
온갖 지각변동을 일으킨다. 판들은 손톱이 자라는 정도의 속도로 움직이고 있는데,
스트레스가 쌓이면 종종 수 미터씩 일시에 움직여 일본 후쿠시마 지진과 같은 대규모 지진을 일으키기도 한다.
미션을 통해 살아 있는 지구의 뜨거운 호흡을 주인공들과 함께 느껴 보자.

"속보입니다. 5일 자정 무렵 인도네시아 머라삐Merapi 화산이 엄청난 굉음과 함께 한 세기 만에 최대 폭발을 일으켰습니다. 화염과 가스 분출로 인해 가옥과 나무가 불타고 주민들이 숨졌습니다. 현재까지 파악된 사망자는 122명입니다. 머라삐 화산은 폭발하면서 섭씨 750도의 열풍을 일으켰고, 화산재를 쏘아 올려 480킬로미터 떨어진 지역까지 화산재로 뒤덮였습니다."

발리Bali 섬의 응우라라이Ngurah Rai 공항 대합실에서 텔레비전을 지켜보던 스완디와 아궁은 깜짝 놀랐다.

"머라삐 화산 폭발! 자바 섬 요그야카르타 주에 있잖아?"

"그래, 맞아. 판도라 미션이 아니었다면, 우리는 지금쯤 그곳에서 지구과학 올림피아드에 참여하고 있었을 거야."

"판도라인들이 머라삐 화산 폭발을 예견했던 것은 아닐까?"

"그럴 수도 있겠어. 올림피아드 참가 학생들이 모두 그곳에 모였다면 분명 큰 불상사가 일어났을 게 틀림없어. 머라삐 화산 일대 지질조사는 올림피아드 수행 과제로 계획되어 있었거든."

"참! 오늘 우리와 합류하기로 한 애들이 거기 출신이잖아?"

"맞다! 두 아이 모두 자바 요그야카르타 주에 살고 있다고 들었어. 별일 없어야 할 텐데."

한편, 세티야완과 하디얀토는 전화 부스에서 애를 먹고 있었다. 화산 폭발 사건으로 전화 사용량이 폭주하여 연결이 제대로 되지 않았기 때문이다. 여러 번의 통화 시도 끝에 부모님의 목소리를 들은 두 아이는 그제야 맘을 놓았다. 집 근처로 화산재의 일부가 바람에 날려 오기는 했지만 가족들은 모두 무사했다.

인도네시아 자바 섬 출신인 세티야완과 하디얀토는 발리 섬 출신인 스완디와 아궁의 안내로 버스에 올랐다.

"우리 목적지는 어디야?"

세티야완의 물음에 아궁이 답했다.

"응, 세미냑Seminyak 해변의 한 호텔이야. 그곳에서 칼라와티 박사님이 기다리고 계셔."

"와, 그렇게 멋진 곳에 있는 호텔이라니!"

스완디가 덧붙였다.

"박사님의 어머니가 그 호텔 주인이셔. 크지는 않지만 그 해변에서 제일 오래된 호텔이라고 하더라."

하디얀토가 아궁을 보며 말했다.

"네 이름은 한 번만 들으면 누구나 잊을 수가 없겠다. 세계의 배꼽이라 불리는 아궁Agung 화산이 생각나니 말이야."

아궁이 말했다.

"실제로 아궁 화산과 관계 깊은 이름이야. 1963년 아궁산 폭발 때, 당시 세 살이던 아버지를 잿더미 속에서 구해 낸 할아

아궁산Agung Mt. 폭발
1963년 화산 폭발로 1600여 명이 죽고, 8만 명 이상의 이재민이 발생했다.

버지가 그날을 기억하며 내 이름을 아궁이라고 지으셨거든."

"그랬구나. 예측하지 못한 화산 폭발은 정말 끔찍해."

버스 안 스피커에서는 머라삐 화산 폭발에 대한 보도가 계속 이어지고 있었기 때문에 승객들의 입에서 탄식이 종종 흘러나왔다. 네 아이는 더 이상 말하지 않았다. 판도라 미션 때문에 걱정하던 차에 울적한 소식을 계속 듣게 되어 착잡한 마음이었다.

저녁놀이 아름답게 물들 무렵 세미냑 해변에 내린 네 아이는 탄성을 터트렸다.

"아, 정말 황홀하다. 해변이 붉게 타오르는 것 같아!"

"저 너울 파도 좀 봐! 주름진 붉은 카펫 위로 황금 가루가 흩날리는 것 같아!"

"해변의 야자수들은 초록빛 에메랄드인걸!"

아이들이 모두 한마디씩 감탄문을 읊어 대자 아궁이 말했다.

"아~, 배고프다."

스완디가 웃으며 말했다.

"역시, 아궁이는 살 궁리부터 하는구나. 호호."

흰색 언덕 너머 호텔의 창문에서 칼라와티 박사가 손을 흔들고 있었다.

"아, 박사님이다."

칼라와티 박사는 바람에 나부끼는 긴 머리칼을 쓸어 올리며 아이들을 반갑게 맞았다. 박사는 검은 뿔테 안경을 쓴 이지적인 미인이었다.

"여자 분이셨어요? 이름만 듣고는 남자 분일 거라고 짐작했었어요."

박사는 대답 대신 환하게 웃었다.

"먼 길 오느라 수고들 많았다. 샤워부터 하고 저녁을 먹자꾸나."

"네!"

네 아이는 칼라와티 박사 어머니의 배려로 안채에 묵게 되었다. 안채 뜰에는 온갖 화초가 아름답게 가꾸어져 있었고, 반짝이는 작은 열대어들이 살고 있는 연못도 있었다. 박사의 서재 겸 연구실은 안채에서 가장 바깥쪽에 있었는데, 창문으로 파도 소리가 들려왔다.

판도라인들이 보내온 메시지에 따르면 이번 미션의 주제는 '판구조론'이었다. 저녁 식사를 할 때 칼라와티 박사는 아이들에게 토의 연구 과제를 주었다. 1912년 베게너의 대륙이동설, 1928년 홈즈의 맨틀대류설, 1960년 헤스의 해저확장설, 1968년 판구조론으로 이어지는 순차적인 공부 과제였다.

저녁 식사 후 아이들은 세 시간 정도를 박사의 서재에서 공부하며 보냈다. 그때까지 칼라와티 박사는 개인 용무를 보았고 서재에 나타나지 않았다. 세티야완이 다소 불만 섞인 목소리로 말했다.

"공부하면서 질문하고 싶은 게 많았는데, 박사님은 감감무소식이네?"

스완디가 말했다.

"작년에 박사님의 강의에 참여한 적이 있는데, 그때도 그러셨어. 학생들이 수업을 진행하도록 내버려 두고 구경만 하시더라고. 수업의 방향이 엉뚱한 곳으로 흘러가도 팔짱을 낀 채 구경만 하시더라니까."

아궁이 말했다.

"대학을 졸업한 사촌 형이 칼라와티 박사님의 제자야. 형이 그러는데, 그건 박사님의 신념 때문이래."

"신념……?"

"음, 뭐라더라……? 그래, 생각났다. 자아실현 경향성."

"자아실현 경향성?"

"지렁이도 자기 갈 길을 아는데, 사람이 어찌 자기의 길을 모르겠냐고. 그래서 지시나 통제가 아닌 개인의 선택에 의해 모든 일이 진행되도록 하는 거래. 사촌 형은 교사가 되었는데 칼라와티 박사님과 똑같은 방식으로 수업을 한다더라."

"에구 뭔 소리인지 하나도 모르겠다. 시간도 많이 늦었는데, 그냥 우리끼리 토의할까?"

결국 아이들은 자신들이 정리한 것을 발표하기로 했다. 스완디가 첫 발표자로 나섰다.

"1912년, 독일의 기상학자 베게너Wegener Alfred Lother는 《대륙의 기원》이라는 저서를 통해 대륙이동설을 주장했고, 1915년 《대륙과 해양의 기원》이라는 저서를 통해 2억 5천만 년 전 무렵에 세계의 모든 대륙이 하나로 합쳐진 '판게아'가 분리되기 시작했다고 주장했어. 그 근거로 제시한 것은 네 가지 정도인데, 화면을 봐."

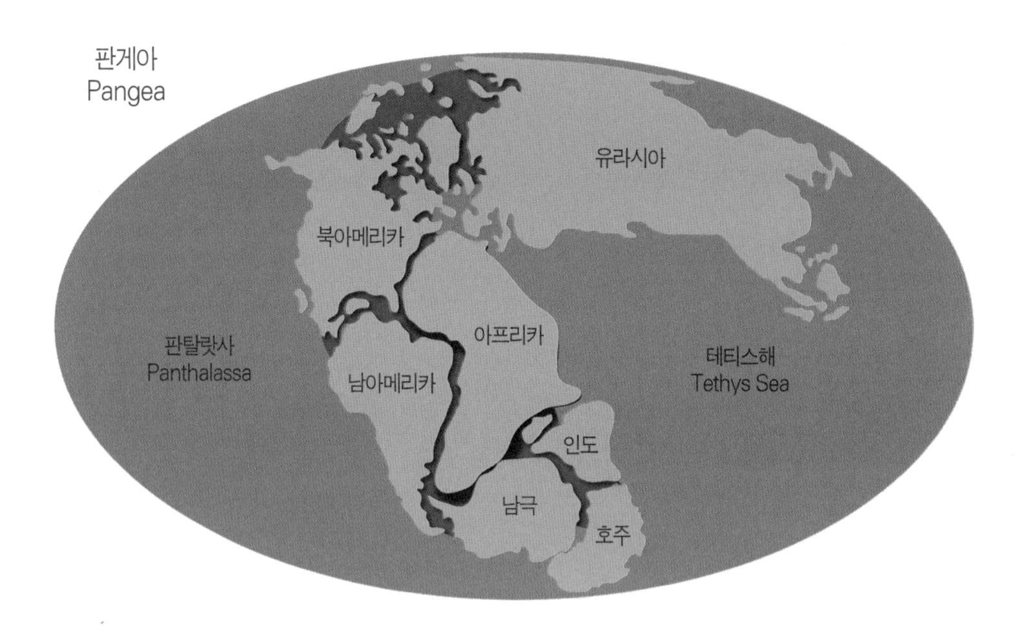

스완디는 버튼을 눌러 프레젠테이션 화면을 켰다.

"고생대 말엽에는 모든 대륙이 판게아로 합쳐져 있었기 때문에 대서양과 인도양은 아직 형성되지 않았어. 판탈랏사는 고대의 태평양이고, 당시 북반구 로라시아와 남반구 곤드와나대륙 사이에 존재하던 테티스해는 현재의 지중해로 축소되었어."

하디얀토가 손을 들었다.

"로라시아와 곤드와나에 대해 좀 더 자세히 말해 줘."

"아……, 그림에 로라시아, 곤드와나 표기가 안 되어 있구나. 판게아로 합쳐지기 전에 북반구에 있던 대륙, 즉 북아메리카, 유럽, 아시아 북부 지역의 합체 대륙이 '로라시아'야. 남반구에 있던 남아메리카, 아프리카, 인도, 호주, 남극 대륙의 합체가 '곤드와나'고……."

아궁이 말을 덧붙였다.

"중생대에 대륙이 분리되면서 대서양과 인도양이 형성되고, 인도가 북상하여 유라시아 대륙에 부딪히면서 히말라야산맥을 형성한 것도 기억해야 할 거야."

스완디가 말을 이었다.

산맥의 분포대

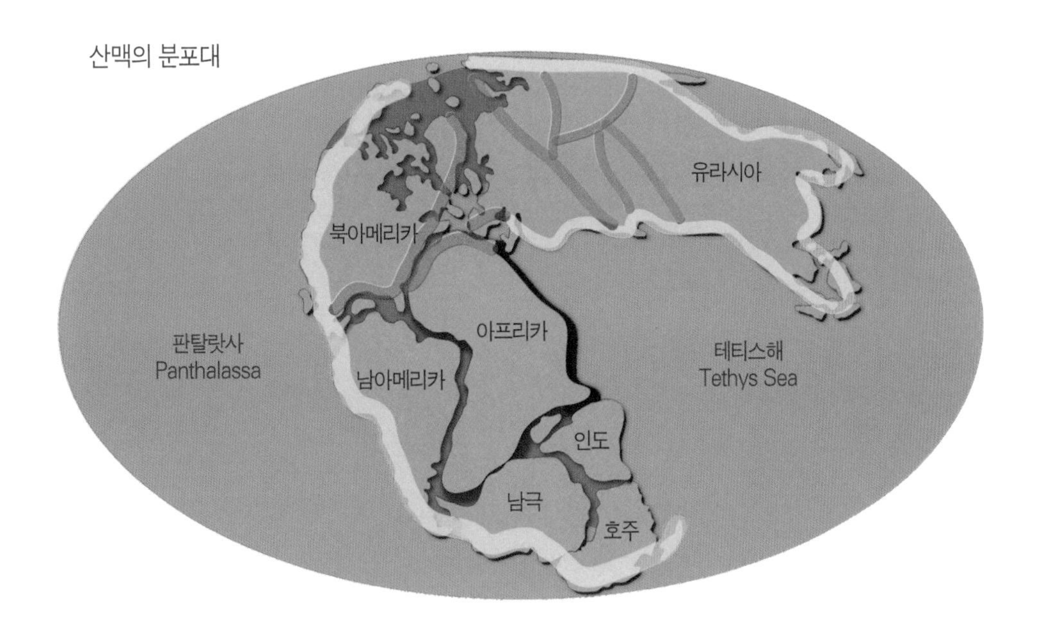

"그래, 맞아. 인도가 북상하면서 좁아지던 테티스해는 신생대 초엽부터 히말라야산맥으로 솟아오르기 시작했어. 히말라야산맥 일대에서 바다에 살던 생물 화석들이 많이 나오는 것은 바로 그 때문이야. 히말라야산맥은 오늘날까지도 계속 높아지고 있다고 해."

모두들 고개를 끄덕이자, 스완디는 다음 화면을 켰다.

"베게너는 대륙 이동의 증거를 여러 가지 제시했는데, 우선 지형적인 증거로 해안선의 모양 일치를 들 수 있어. 해안선 모양은 현재의 수면보다는 대륙붕과 대륙사면까지 포함하는 지역을 설정할 때 더욱 잘 일치한다고 해.

두 번째는 지질학적인 증거인데, 산맥의 줄기가 연속적으로 이어지고, 남미와 아프리카에 쌓인 지층과 암석의 종류도 유사하다는 점을 들 수 있어. 그림의 노란색 띠와 붉은색 띠는 산맥을 나타내는 것인데, 붉은색은 중생대 이전에 형성된 것이고 노란색 띠는 중생대 이후에 형성된 산맥이야."

아궁이 엄지를 세워 보이며 말했다.

"스완디는 멋진 교수님이야!"

스완디가 짐짓 엄숙한 표정으로 말했다.

"아직 멀었으니까 농담하지 말고……, 다음 그림을 보실까요?"

"베게너가 제시한 또 다른 증거는 고생물 화석의 일치성이었어. 그림에서 보다시피 키노그나투스, 메소사우루스, 리스트로사우루스 등 동물 화석의 분포대가 일치하고, 특히 식물 화석 글로솝테리스 화석 산지의 연결선은 곤드와나대륙 전체에 걸쳐 일치하고 있어. 동물들이야 이동이 가능하다고 쳐도 식물의 분포지가 남미, 아프리카, 인도, 남극, 호주까지 연결되는 것은 대륙이 하나로 붙어 있었다는 것을 강력하게 시사하는 증거지."

"대단하다. 저런 것을 다 조사한 베게너의 열정은 정말……."

"대륙 이동의 마지막 증거는 고기후학적인 증거야. 그림처럼 빙하의 이동 경로가 일치하고, 그림에는 없지만 암염이나 석고와 같은 증발암의 분포도 일치하거든. 빙하는 추운 지역, 증발암은 증발이 왕성한 아열대 지방에서 형성되는 암석인데, 이들의 분포가 일치한다는 것은 과거에 두 지역이 붙어 있었다는 증거이지."

아궁이 물었다.

"빙하는 모두 녹았을 텐데 흔적이 남아 있나?"

고생물 화석의 분포대

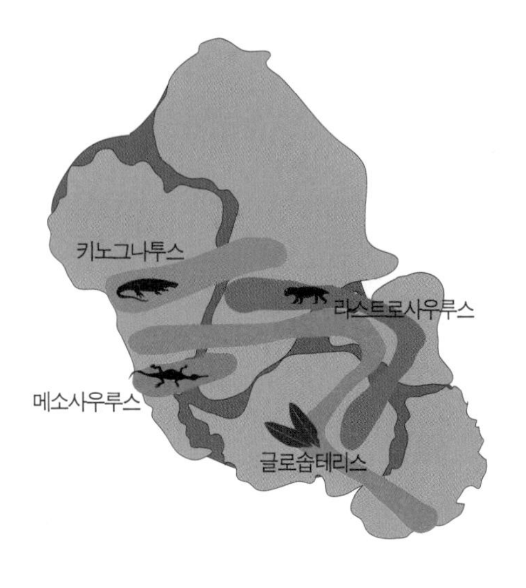

빙하 이동 경로의 흔적

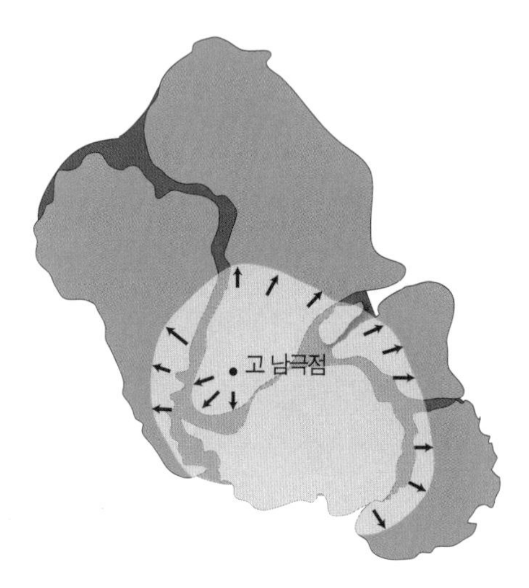

스완디가 새쭉한 표정으로 말했다.

"아궁, 정말 몰라서 묻는 거니? 빙하가 흐른 지역에는 암반에 긁힌 자국이 남게 되고, 또한 빙하퇴적물도 남게 되잖아."

아궁이 머리를 치며 말했다.

"아차, 그렇지. 찰흔이 남고, 빙퇴석, 빙호점토 같은 퇴적물도 쌓이는구나, 아하!"

아궁이 해죽해죽 웃으며 손뼉을 치자 다른 아이들도 함께 손뼉을 쳤다.

빙하 이동의 흔적들
빙하가 지나간 자리에는 얼음과 함께 운반되는 자갈의 마찰로 인하여 암반에 긁힌 자국(찰흔)이 남게 되며, 운반되는 자갈은 모서리가 뾰족하고 날카롭게 갈린다.(각력) 또한 암반과 자갈의 마찰에 의해 곱게 부스러진 점토는 빙하가 녹아 형성된 호수에 퇴적되는데, 호수 표면이 얼어붙은 겨울에는 점토 입자의 공급이 미약하여 매우 미세하고 얇은 점토층을 형성하며, 여름이 되어 호수 표면이 녹으면 점토 입자의 공급이 활발해져서 겨울보다는 굵은 입자가 많이 쌓이기 때문에 층상 구조를 보인다.(빙호점토)

다음은 하디얀토 차례였다.

"나도 프레젠테이션을 하려고 했는데, 보여 줄 만한 자료가 별로 없어서 그냥 말로 할게."

하디얀토는 1915년 이후의 상황을 발표했다.

베게너가 《대륙과 해양에 관한 기원》을 통해 대륙이동설을 주창한 이후 세계의 지질학자들은 큰 충격을 받았다. 사실 화석이나 암석, 지질구조의 유사성 등은 당시 지질학계에서도 알고 있던 내용이었다. 그러나 당시에는 아메리카와 아프리카 대륙 사이에 육교가 있었을 거라는 추측이 지배적이었다. 더구나 베게너는 지질학자가 아니라 기상학자였다는 점에서 지질학계에서는 별종과 같은 존재였다.

"어디서 굴러먹던 젊은 놈이 해괴한 소리를 지껄이고 다닌다며? 딱딱한 대륙이 표류하고 있다고? 껄껄껄."

당시 권위주의적인 지식인들은 베게너의 생각을 비웃었다. 그런 와중에 어느 학자가 베게너에게 질문했다.

"대륙을 이동시키는 힘은 어디에서 오는지 설명해 보시오."

베게너는 그 질문에 대답할 수가 없었다.

"그건……, 모르겠는데요."

베게너가 대륙을 이동시키는 힘의 근원을 설명하지 못한 것은 치명적인 약점이었다. 때문에 당시 그의 생각은 한낱 몽상가의 공상 소설 정도로 치부되었다. 기상학 교수로 재직하는 동안 베게너는 극지방의 대기 순환 실험을 위해 여러 차례 그린란드를 탐험했다. 그러던 중 1930년 11월 1일 그의 50세 생일에 그린란드의 빙원에서 실종되었고, 이듬해 여름, 해가 뜨고 얼음이 녹자 그 시신이 발견되었다.

한편, 베게너 사망 2년 전인 1928년, 영국의 홈즈A. Holmes에 의해 '맨틀대류설'이 제기되었다. 방사성동위원소의 붕괴에 의한 열로 맨틀의 대류가 가능하다는 것이었다. 하지만, 베게너는 독일인이었고, 홈즈의 생각이 널리 알려지지 않았던 탓에 베게너는 그 사실을 몰랐던 것 같다. 맨틀대류설은 대륙이동설에 날개를 달아 줄 이론이었지만 안타깝게도 연을 맺지 못했던 것이다.

베게너 사후는 세티야완이 브리핑했다.

"맨틀대류설도 당시에는 별로 주목받지 못했어. 1939년부터 1945년까지는 제2차 세계대전으로 혼란했던 시기라 학문의 발전도 더뎠지. 그러다가 1960년대 초에 '해저확장설'이 등장하게 돼. 디츠R.S. Dietz와 헤스H. H. Hess 등이 그 설을 제기한 학자들이야. 해저확장설은 해령 하부에서 상승한 맨틀 물질이 새로운 해양지각을 만들며, 이것이 차차 양쪽으로 멀어져 가면서 해양저가 확장된다는 것이 주요 내용인데, 이때에 맨틀의 대류가 지각을 이동시키는 힘의 원동력으로 부활하게 돼."

스완디가 말했다.

"해저확장설은 쉽게 받아들여졌나? 보수적인 학자들에게 배척당했을 거 같은데?"

세티야완이 대답했다.

"해저확장설은 아직도 이론理論, Theory이라 불리지 않고 설說, Hypothesis로 불리고 있으니까, 아마도 그랬겠지. 그렇지만 1950년대에 등장한 고지구자기학 덕분에 해저확장설은 1~2년도 채 안 돼서 널리 알려지게 돼.

고지구자기학은 공명 자력계로 암석의 과거 자성 기록을 읽어 내는 것이 핵심 기술이지. 퇴적물이 물속에서 가라앉을 때 당시의 자극 방향으로 자화되어 침전이 되는 원리와 마그마가 식을 때 일정 온도 이하가 되면 자성을 띠는 광물이 자극 방향으로 배열되는 원리를 응용한 학문이야."

세티야완은 프레젠테이션 화면을 띄웠다.

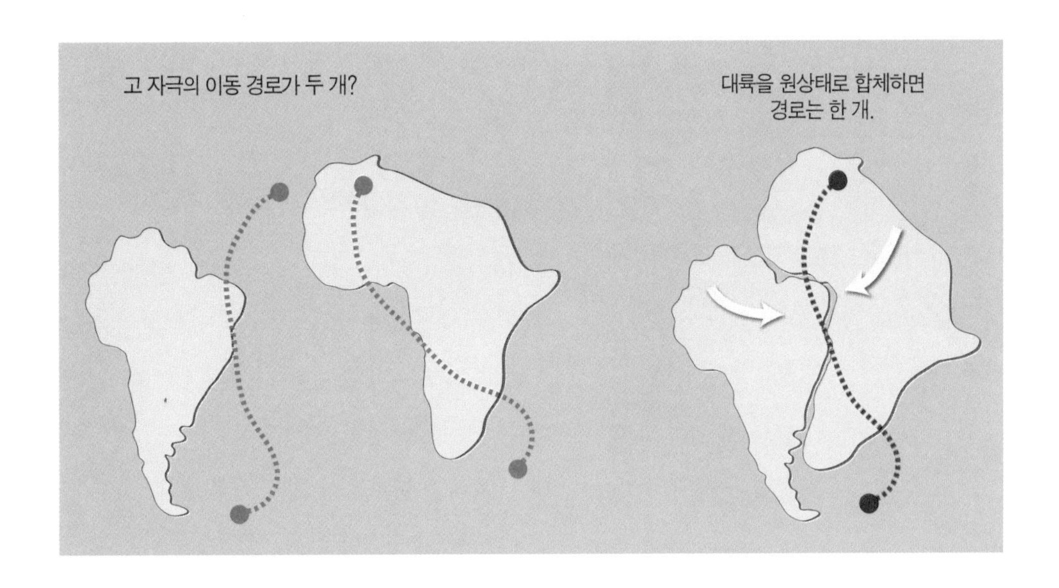

"화면에 보이는 것은 고 자극의 이동 경로를 나타낸 것인데, 아메리카 대륙의 암석들을 대상으로 추적한 고 자극의 이동 경로와 아프리카 대륙의 암석들을 대상으로 추적한 이동 경로가 다르게 나타난 것이 대륙 이동의 증거야."

설명을 듣던 아궁이 투덜거렸다.

"학교에서 저 내용을 배울 때 무슨 소리인지 잘 모르겠더라, 좀 쉽게 설명해 봐."

"지구의 자극이 매년 조금씩 이동하고 있다는 사실은 알고 있지?"

"응, 자극의 위치가 끊임없이 변하고 있다는 것은 중학교 때 배웠어."

"그래, 지구가 자석과 같으니까 N극과 S극이 하나씩 있어야 마땅하겠지?"

"그렇지."

"그림은 S극의 위치를 추적하여 아프리카 북부에서 남부 쪽으로 이동한 경로를 나타낸 것이야. S극은 하나라야 하는데, 어째서 S극의 이동 경로가 두 개로 나타난 거지?"

"그러게? 아하……! 현재 떨어져 있는 두 대륙을 하나로 합쳐 놓으면 이동 경로를 나타낸 점선도 하나로 합쳐지게 되는구나!"

"당근!"

세티야완은 다음 장면으로 그림을 전환하며 말했다.

"다음은 해저 확장을 알려 주는 고지구자기 기록이야."

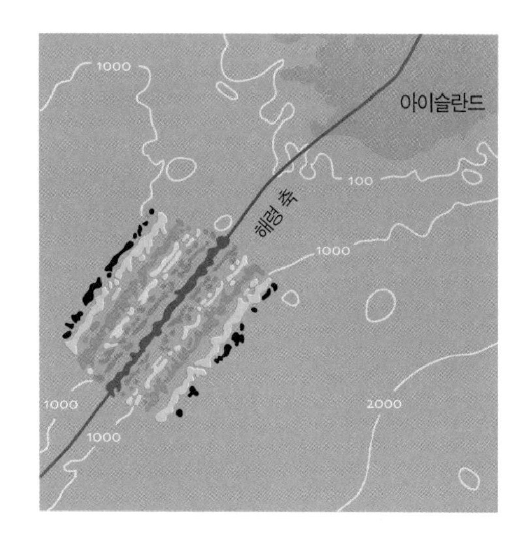

"아이슬란드가 있는 것을 보니 북대서양이구나?"

"맞아. 대서양 북부 지역에서 고지구자기를 연구하던 과학자들은 해령을 중심으로 지구자기가 이상異常 현상을 보인다는 것을 발견했어. 자기이상磁氣異常은 해령의 축을 중심으로 대칭적인 모습으로 나타났는데 이 관측 자료는 예상치 못했던 것을 보여 주었기 때문에 당시의 과학자들이 무척 당황했대."

또 아궁이 질문했다.

"자기이상은 어떤 현상이고, 이유는 무엇인지 아니?"

세티야완은 머리를 긁적이며 말했다.

"음……, 지구 자극의 극성이 뒤바뀌는 현상……, 그러니까 N극은 S극의 성질로, S극은 N극의 성질로 전환되는 것인데, 그 이유는 잘 모르겠어. 누구 아니?"

아이들은 모두 잘 모르겠다는 표정이었다. 세티야완은 계속 진행했다.

"이유는 모르겠지만 아무튼, N극과 S극을 가리키는 방향이 반복적으로 뒤바뀌어 암석에 기록되어 있었던 거야. 더구나 그 기록은 해령의 축에 대해 대칭성을 보이고 있었는데, 처음 몇 년 동안은 아무도 그 이유를 명쾌하게 설명하지 못했어. 그러다가 이 수수께끼는 1963년 영국의 젊은 과학자 바인F.J. Vine과 매튜D.H. Mathews에 의해 풀렸어.

이 같은 모양은 고온의 맨틀 물질이 해령 부근에서 솟아올라 냉각될 때 당시의 자장 방향대로 자화되며 굳기 때문에 나타나는 현상이라는 거야. 그러니까 마그마가 냉각될 때 자장 방향이 암석에 기록으로 남고, 먼저 형성된 암석은 나중에 솟아오른 맨틀 물질에 의해 점차 해령 축의 바깥쪽으로 밀려나기 때문에 좌우대칭의 형태로 나타난다는 것이지. 고 자극의 극성 전환 주기는 일정치 않지만, 화면에 보이는 그림에서 색깔을 다르게 표시한 부분은 대략 100만 년 정도의 시간 차를 가지고 있어."

세티야완은 버튼을 눌러 프레젠테이션 화면을 다른 그림으로 바꿨다.

"이 그림을 보면 이해가 더 쉬울 거야."

"그림에서 + 로 표기한 부분은 현재의 자기장 방향과 같은 '정자극기' 에 형성된 암석층이고, -로 표시한 부분은 자장 방향이 뒤바뀐 '역자극기' 에 형성된 암석 층을 나타내고 있어."

스완디가 그림을 보며 말했다.

"미술 시간에 그림물감을 도화지에 듬뿍 묻힌 후 반으로 접었다가 펼치면 나타나는 데칼코마니 그림과 비슷하네."

"그래, 내가 조사한 것은 여기까지야."

마지막 발표자는 아궁이었다.

"1912년에 발표된 대륙이동설은 1960년대 초의 해저확장설로 이어지고, 1965년 윌슨J.T Wilson의 제안에 의해 '판구조론Plate Tectonics' 으로 통합 발전하게 돼. 학문의 한 분야로 당당한 지위를 확보하게 된 것이지. 이때부터 판구조론은 지구에 일어나는 주요한 지각변동과 지질 현상을 설명하는 데 없어서는 안 될 핵심 학문이 되었어.

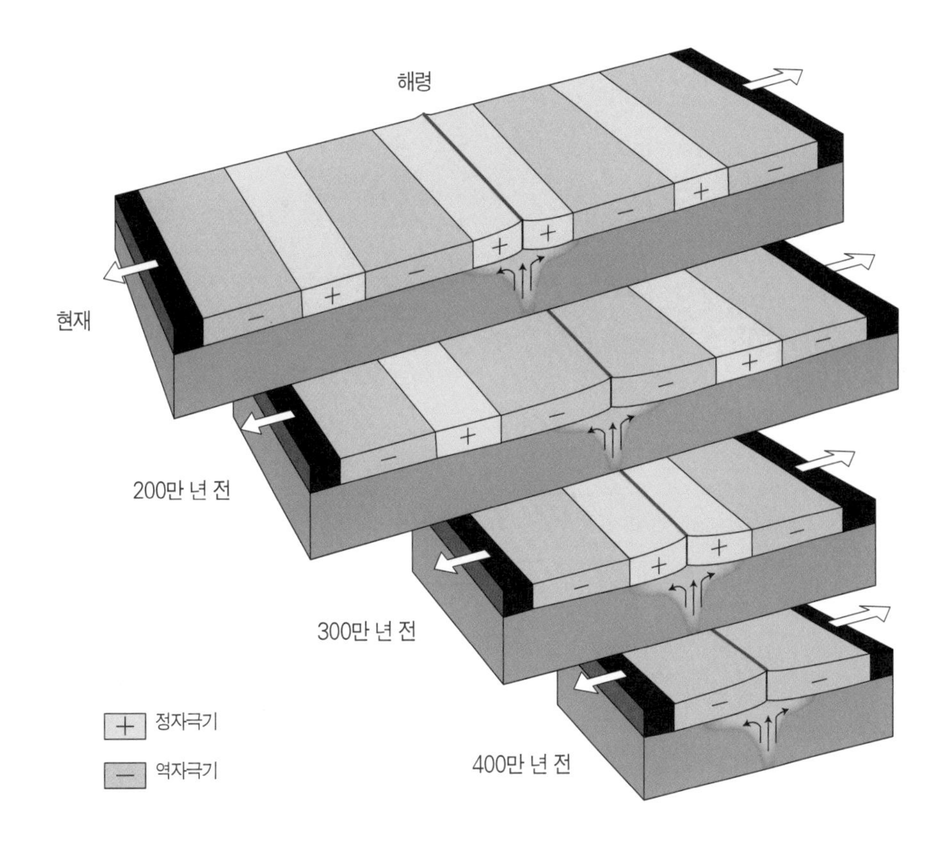

지진, 화산활동, 조산운동, 해령과 호상열도의 형성, 마그마의 발생 등 지구에 일어나는 모든 지각변동과 운동들은 판의 분리, 판의 이동, 판의 충돌로 인한 결과들이기 때문에 판구조론 없이는 이런 현상들에 대한 설명이 불가능하지."

아궁이 판구조론에 대해 발표한 주요 내용은 다음과 같다.

- 판 Plate : 지구의 표면은 십여 개의 판으로 구분된다.
- 판의 두께 : 판의 평균 두께는 약 100킬로미터이며, 해양판은 얇고 대륙판은 두껍다. 판의 두께에 해당하는 부분을 '암석권'이라 부른다.
- 판의 이동 : 판은 상부 맨틀 '연약권'(100~400킬로미터) 위에 떠서 천천히 이동하며, 판들의 이동 방향과 속도는 각각 다르다. 맨틀의 대류는 판 이동의 원동력이다.
- 판의 경계 : 판의 경계는 3가지로 구분할 수 있다.

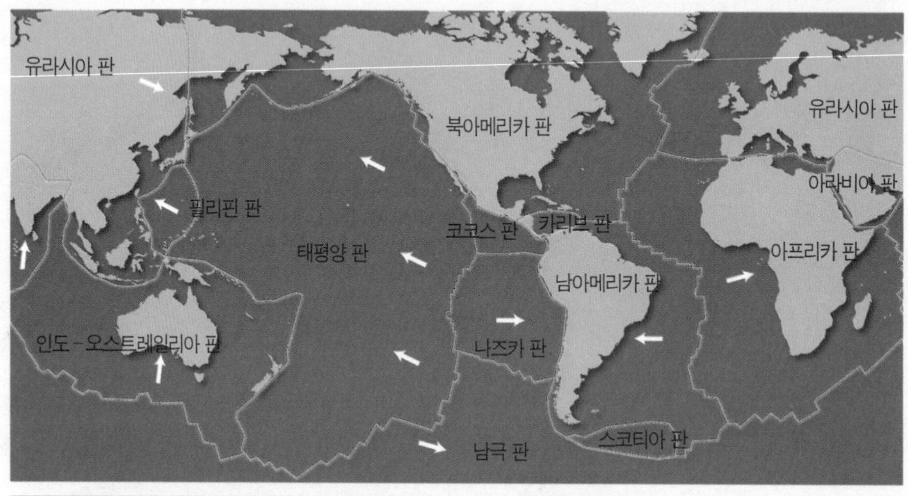

	발산 경계	수렴 경계	보존 경계
맨틀 대류와 판의 이동	맨틀 대류 상승 지역으로 판과 판이 멀어진다.	맨틀 대류 하강 지역으로 판과 판이 충돌 · 섭입한다.	판과 판이 서로 엇갈린다.
발달 지형	해령, 열곡	습곡산맥, 해구, 호상열도	변환단층
해당 지역	동태평양 해령, 대서양 중앙 해령, 동아프리카 열곡대	히말라야산맥, 안데스 산맥, 페루-칠레 해구 일본열도 · 알류산 열도 등의 서태평양 열도	미국 서부의 샌안드레아스 단층대
마그마 · 지진	마그마 상승, 천발지진	마그마 발생, 천발 및 심발지진	천발지진

아궁이 인터넷을 검색하여 각 판의 경계 모형을 화면에 띄우려 할 때였다. 스완디의 휴대전화에서 자정을 알리는 알람이 울렸다.

"벌써 자정이야, 아함~."

하디얀토가 기지개를 켜며 크게 하품을 하자, 세티야완이 말했다.

"단면도 그림은 학교에서 모두 배운 거니까, 그만 생략하자. 좀 쉬어야 하지 않을까?"

아궁이 말했다.

"그래, 모두들 실력이 짱짱하니까 이 정도면 충분할 거 같다. 그럼 이만 토의를 마칠까?"

모두들 고개를 끄덕이며 자리에서 일어나려 할 때였다. 칼라와티 박사가 문을 열고 들어왔다.

"여러분, 수고 많았어요. 잠깐만 자리에 앉아요. 바다가 보이는 저기 창가에 앉아 여러분의 토의 내용을 모두 들었어요. 엿들어서 미안해요. 하지만 나름대로 생각이 있어서 그랬어요. 지금 아마도 판도라 사람들이 우리의 일거수일투족을 모두 지켜보고 있을 거예요. 그래서 잠시 그들의 입장이 되어서 여러분을 지켜보고 싶었어요. 어차피 여러분은 스스로 문제를 해결해야 하니까, 예행연습을 시켜 보자는 뜻도 있었구요."

칼라와티 박사는 메모 노트를 잠시 들여다보더니 말을 이었다.

"세티야완 발표 때, 2차 세계대전으로 학문의 발전이 더뎠다고 했는데요. 오히려 전쟁 덕분에 과학의 발전이 촉진된 측면이 없지 않아요. 미국의 비행 조종사들이 발견한 상층대기 제트류 흐름이라든지, 독일의 U보트 잠수함이 발견하여 이용한 지중해의 해류 흐름 같은 것이 그 예지요.

해저지형에 관한 연구도 전쟁 덕분에 활발하게 이루어졌다고 볼 수 있어요. 허나 과학의 발전이 지구를 오히려 위태롭게 한 측면이 커 여러분도 알고 있다시피 원자폭탄 같은 무기 개발은 끔찍한 결과를 초래했고, 지금도 그 위험성은 여전하지요. 1960년대 초에는 여러 나라들이 핵무기 실험을 하는 바람에 대기 중의 방사능오염이 역사상 최고조에 이르기도 했어요. 그 밖의 산업과 교통수단의 발달 또한 지구환경을 오염시켜 생태계를 병들게 했지요."

"아……, 과학과 산업의 발전이 좋은 것만은 아니네요."

스완디의 말에 박사가 고개를 끄덕이며 말했다.

"저는 도시 하나가 건설될 때마다, 지구에 땜통 하나가 늘었구나 하고 생각해요. 인간이 만들어 내는 모든 건축물과 공산품들은 몇 년 혹은 몇 십 년 내에 모두 처리해야 할 폐기물로 변하지요."

아궁이 울상을 지으며 말했다.

"박사님, 저는 일주일도 안 돼서 핸드폰을 폐기 처리했어요. 화장실 물에 퐁당 빠뜨렸거든요."

"저런……, 안됐군요."

"그렇죠? 저는 참 불쌍해요. 엄마가 이제는 핸드폰 안 사 주실 거예요."

칼라와티 박사가 무덤덤하게 말했다.

"나는 지구가 안 됐다고 말한 건데요."

아이들이 키득키득 웃었다. 칼라와티 박사는 프레젠테이션 화면을 켜며 말했다.

"자, 주목해 주세요. 해저 확장의 증거와 판 이동의 원동력에 대해서 꼭 알아 두어야 할 것이 있어요."

"그림에서 붉은색으로 표시된 부분은 젊은 암석 지층이고, 푸른색 부분은 상대적으로 나이가 많은 암석 지층이에요. 짙은 빨강 지역은 모두 마그마가 상승하여 해령이 발달하는 지역입니다. 그러니까 해령 지역은 새로운 암석이 솟아나는 지역이지요. 해령 지역에서 멀어질수록 암석의 나이는 증가하고, 파랑색으로 칠해진 곳에 이르면 1억 8천만 년 정도의 나이가 됩니다. 해양지각에는 2억 년 이상 늙은 암석이 없습니다. 이는 해양지각이 해구에서 침강하여 소멸되고 있기 때문이지요. 반면에 대륙 내부의 암석은 나이가 많아서 40억 년이나 묵은 곳도 있어요."

칼라와티 박사가 질문을 던졌다.

"그럼, 해양지각에 쌓인 퇴적물의 두께는 어떨까요?"

세티야완이 답했다.

"해령 주변은 퇴적물이 거의 없거나 매우 얇고, 해구 쪽으로 가면서 두꺼워질 것입니다."

"맞습니다. 해령에서 해구로 갈수록 퇴적물의 양이 많아지고 지각의 두께도 두꺼워

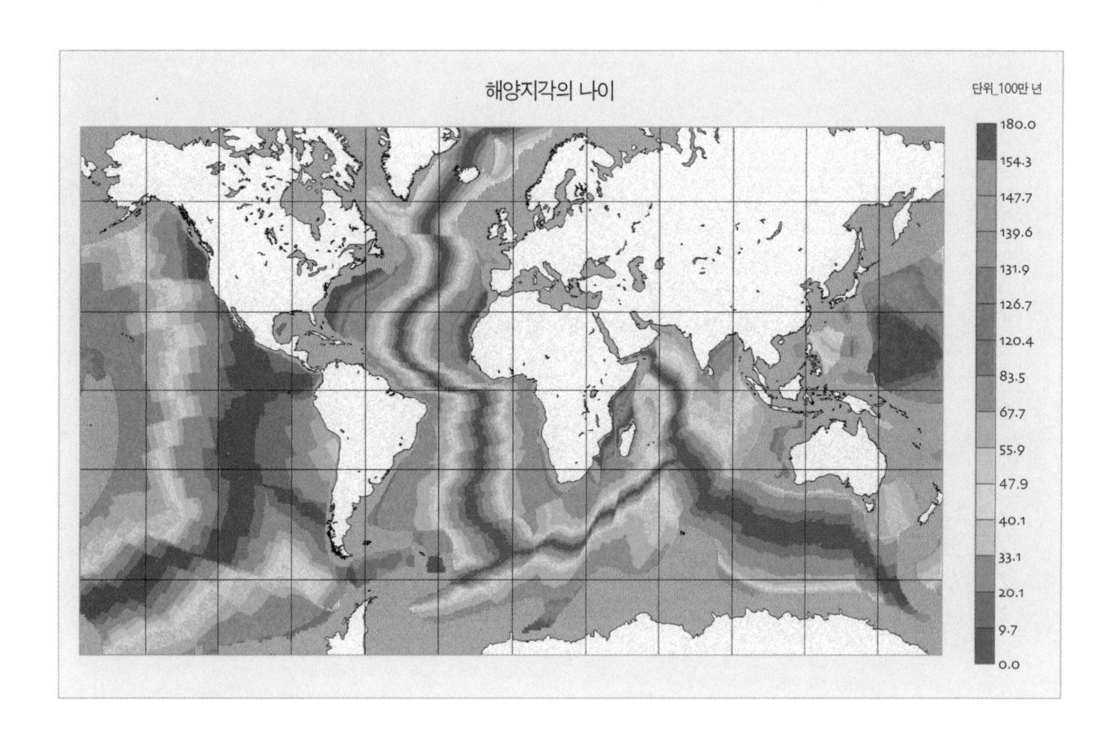

집니다. 또한 해령 지역은 지구 내부에서 흘러나오는 열에너지가 많기 때문에 뜨거운 상태이고, 해구 쪽으로 갈수록 지구 내부에서 흘러나오는 열량이 감소합니다."

칼라와티 박사가 리모콘을 누르자, 화면에 다음 장면이 나타났다.

"그림은 판 이동의 원동력을 나타낸 것입니다. 판 이동의 원동력에 대해서는 과학자들 사이에서도 의견이 분분하여 확실한 결론을 내리지 못한 상태입니다."

"네? 맨틀의 대류가 원동력 아닌가요?"

아궁의 말에 다른 아이들도 고개를 끄덕였다. 학교 수업 시간에 맨틀의 대류가 원동력이라고 배웠고, 교과서에도 그렇게 쓰여 있기 때문이다.

칼라와티 박사는 고개를 저으며 말했다.

"맨틀의 대류만으로는 판을 이동시키기가 쉽지 않다는 것이 요즘 학자들의 생각입니다. 판을 이동시키는 가장 중요한 힘은 '슬래브 당기기slab pull'라고 보는 견해가 우세합니다. 이 힘은 '상-하 섭입 구동top-down subduction drive'이라고 표

지각열류량
지구 내부에서 흘러나오는 열량을 '지각열류량'이라고 한다. 해령이나 화산 지대는 지각열류량이 높고, 해구와 대륙 안쪽의 오래된 땅은 지각열류량이 낮다.

판Plate 이동의 원동력

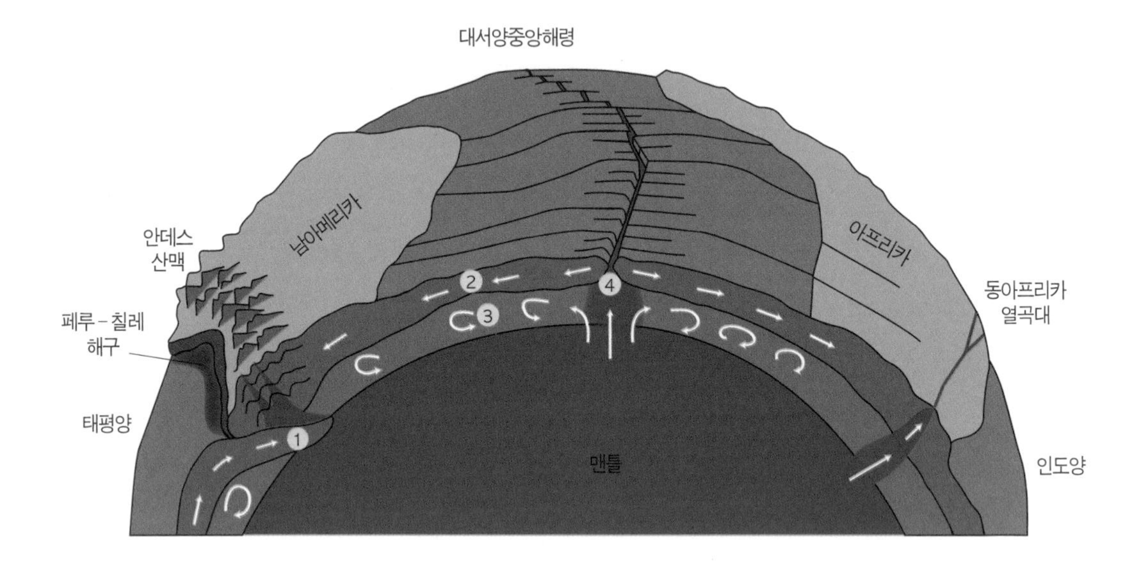

현하기도 하는데요, 해구에서 냉각된 판의 비중이 증가하여 무거워지므로 깊은 곳으로 끌어당겨지는 힘입니다."

아이들은 잠시 혼란스러웠다. 교과서에 대한 맹목적 믿음을 깨야 하는 순간이었기 때문이다. 칼라와티 박사는 설명을 계속했다.

"또한 판은 높은 데서 낮은 곳으로 중력에 의해 미끄러지는 힘을 받습니다. 해령은 수심이 2킬로미터 정도이고 해구는 6킬로미터보다 깊기 때문에, 해령에서 해구 쪽으로 미끄러지듯이 이동하는 힘을 받게 됩니다.

책상 모서리에 종이를 놓고 잡아당겨 보세요. 처음에는 손으로 잡아당겨야 움직이지만 어느 정도 당겨 놓으면 종이의 무게에 의해 저절로 미끄러져 떨어지게 됩니다. 이 원리와 비슷합니다."

"아……."

"마지막으로 맨틀 대류에 의한 마찰력과 해령에서 상승하는 마그마가 밀어내는 힘을 생각할 수 있습니다. 그러나 해령 지역은 장력이 우세하기 때문에 마그마가 능동적으로 밀어내는 것이 아니라고 보는 견해도 있습니다."

“해령에서 상승하는 마그마가 해령을 양쪽으로 밀어내는 것이 아니라는 말씀인가요?”

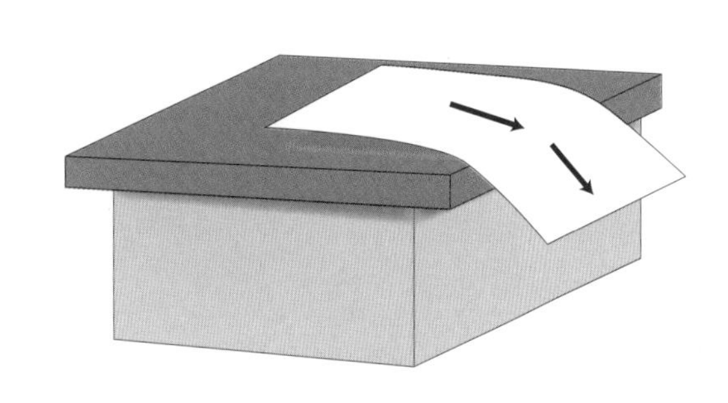

“그래요. 해령은 상승하는 마그마가 밀어서 벌어지는 것이 아니라, 해령이 양쪽으로 벌어지기 때문에 마그마가 상승한다는 것이지요. 이에 대해서 학자들은 아직 합의된 결론을 내리지 못하고 있습니다.”

아궁이 손을 들었다.

“교수님, 맨틀 대류를 거대하게 생각하는 플룸Plume 이론도 있잖아요?”

칼라와티 박사는 안경을 매만지며 잠시 뜸을 들이더니 말했다.

“그래요, 플룸 이론도 살펴봅시다.”

“플룸은 ‘연기구름의 기둥’이란 뜻을 가지고 있는데요. 핵 부근에서부터 가열되어 상승하는 플룸이 여러 갈래로 나뉘어 분출하면서 화산활동을 일으키는 것으로 보는 이론입니다. 남태평양의 대형 플룸은 하와이 화산섬과 타이티 화산섬으로 분출하고 있고, 그밖에 아프리카나 대서양중앙해령 쪽으로도 상승 플룸이 있는 것으로 추정됩니다. 아시아에는 하강하는 차가운 플룸이 있다고 해요.”

아궁이 질문했다.

“플룸도 상하 온도 차에 의한 대류 현상이니까, 맨틀의 대류가 판 이동의 주된 힘이라는 말이 맞지 않나요?”

칼라와티 박사는 고개를 저었다.

“사실 이 이론은 하와이와 같은 열점을 설명하기 위해 나온 이론인데, 판의 경계에서 일어나는 여러 현상들을 설명하는 데에는 미흡한 부분이 많습니다. 이 이론은 일본의 학자들이 제기했는데, 아직 미국이나 유럽의 학자들은 별로 동의하지 않고 있습니다. 지진파 연구에서 부분 용융 상태로 나타난 부분은 상부 맨틀 연약권으로 지하 400킬로미터 정도거든요.

열점熱點, hot spot
하와이 화산섬이나 미국 옐로스톤 국립공원처럼 판의 경계가 아닌 곳에 마그마가 분출하는 지점.

플룸Plume 구조의 모형

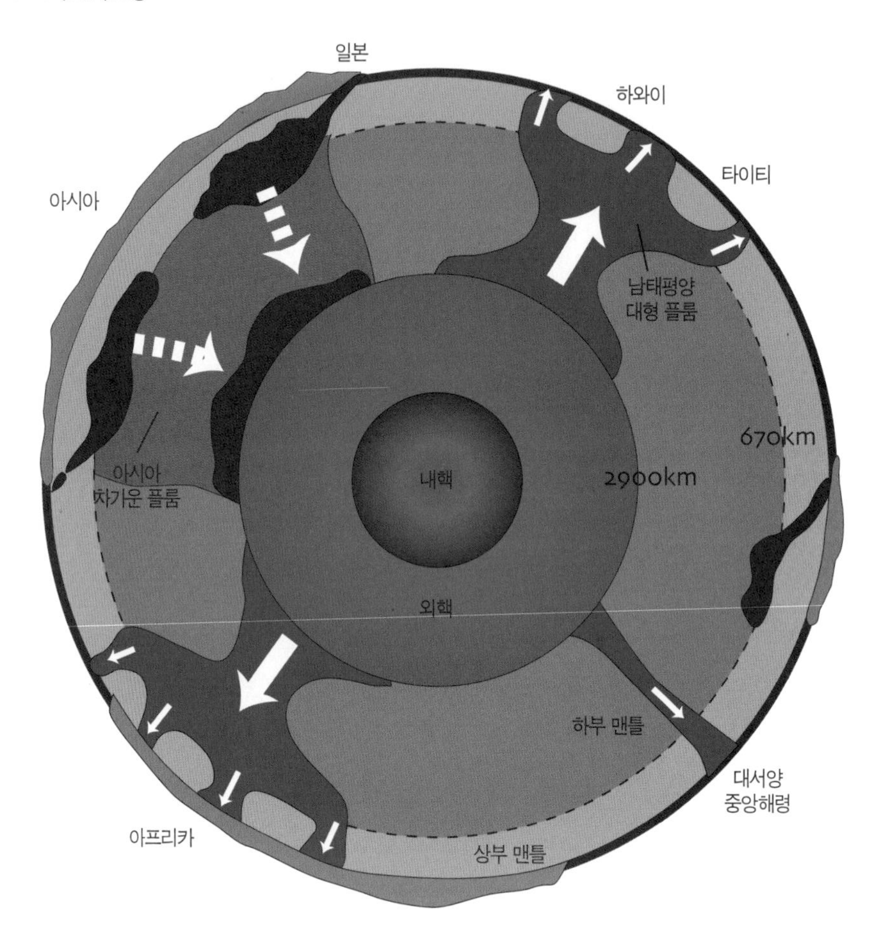

지진파 연구와 상충되는 면이 있어서 글쎄요……. 하지만, 학문은 언제나 유연해야 합니다. 절대 아니라고 부인되던 것들이 사실로 밝혀지면서 과학은 발전했으니까요. 장차 여러분이 이 숙제를 풀어내면 좋겠다는 생각이 듭니다."

다음 날이 밝았을 때 아이들은 정원에서 두께 10센티미터, 가로 1.5미터, 세로 1미터 정도인 평평한 판 모양의 상자를 발견했다. 판도라의 상자였다. 표면에는 다음과 같은 글귀가 쓰여 있었다.

상자를 서재로 옮긴 후 밥을 먹고, 크레파스와 도화지를 챙겨 오시오.

아이들은 지시에 따라 움직였다. 크레파스를 준비해서 서재로 돌아왔을 때 미션 과제가 상자 표면에 나타나 있었다.

세티야완이 문제 내용을 읊었다.

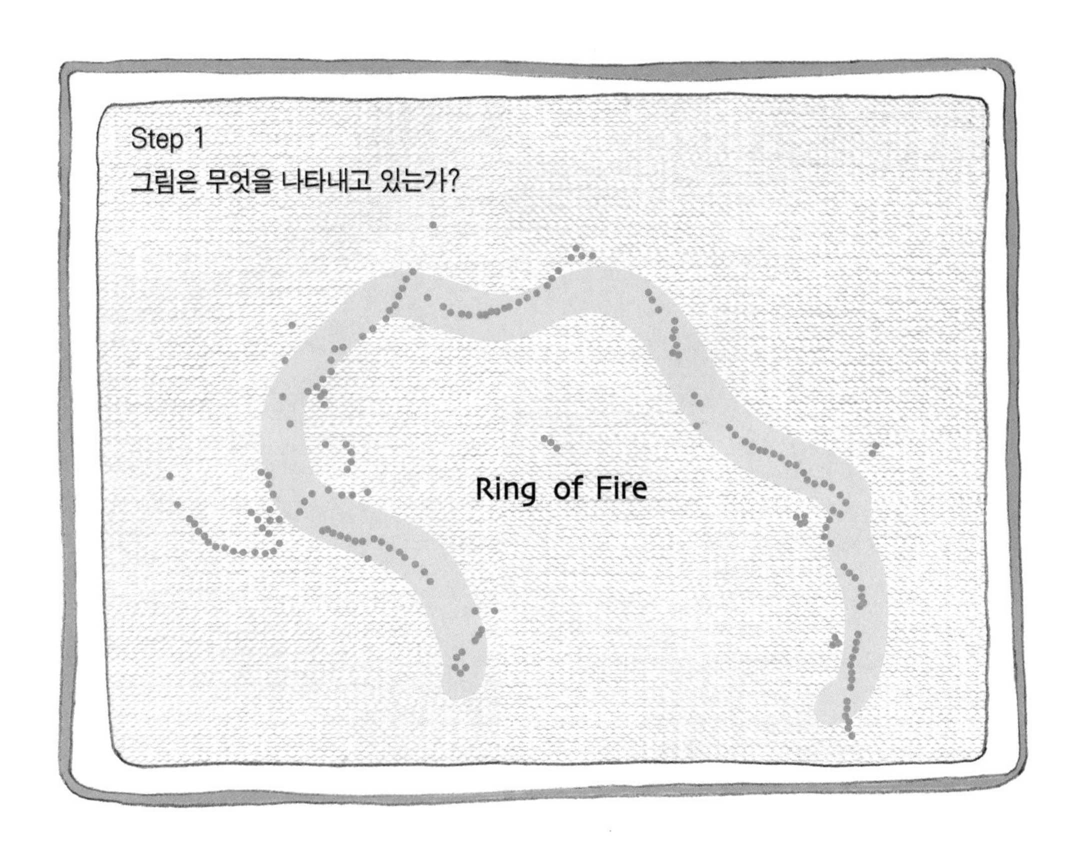

"Ring of Fire, 불의 고리?"

하디얀토가 말했다.

"문제 참 쉽네. 불의 고리는 환태평양화산대를 의미하는 거야. 파란 점들은 화산이 있는 위치를 나타낸 것이지."

하디얀토의 말이 끝나자마자 "정답입니다."라는 메시지가 뜨고 화면에는 정답 그림이 나타났다.

잠시 후 화면은 스텝 2 그림으로 바뀌었다.

"헐~. 어제 아궁이 보여 준 그 그림과 똑같은 거잖아?"

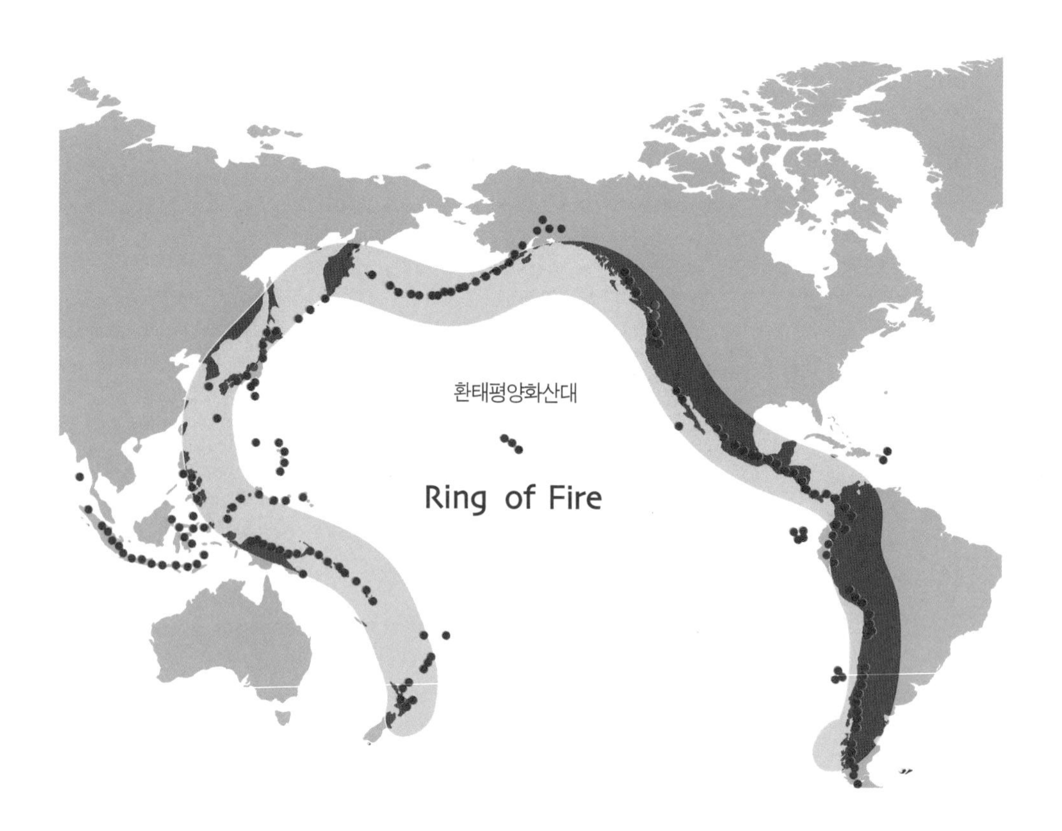

"뭐야? 해킹이라도 한 거야?"

"단면도를 그리라는데? 그래서 크레파스와 도화지를 준비하라고 했구나……."

아이들은 각 지역을 하나씩 맡아서 그림을 그리기 시작했다. A 지역을 맡은 세티야완은 높은 산맥을 묘사하며 선을 그어 단층이 생긴 모습을 그렸다. B 지역을 맡은 하디얀토는 판과 판이 엇갈리는 모습을 그렸다. C 지역을 맡은 아궁은 해구의 모습과 화산활동 중인 화산의 모습을 그렸다. D 지역은 스완디가 그렸다. 해령 중앙에서 양쪽으로 벌어지는 판의 모습을 나타내었고, 해령 중심부 마그마가 상승하는 모습을 그렸다. 세티야완은 솜씨가 좋았기 때문에 가장 먼저 그림을 완성하고 다른 아이들의 그림 작업을 도왔다. 세티야완의 손길이 더해지자 그림들이 아름답게 완성되었다.

판도라 상자에 글귀가 떴다.

그림을 스캔할 수 있도록 상자 위에 올려놓으시오.

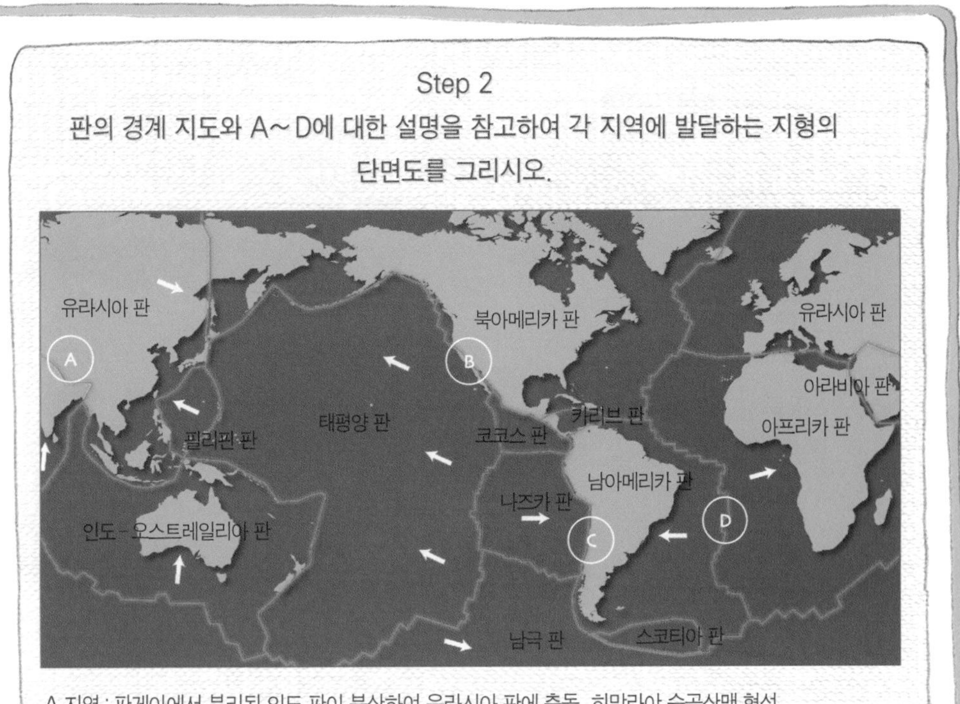

A 지역 : 판게아에서 분리된 인도 판이 북상하여 유라시아 판에 충돌. 히말라야 습곡산맥 형성. 역단층 발달. (유라시아 판이 상반, 인도 판이 하반인 것으로 묘사함)
B 지역 : 태평양 판과 북아메리카 판이 서로 반대 방향으로 이동하여 변환단층 발달.
C 지역 : 나즈카 판이 남아메리카 판 밑으로 섭입하며 페루-칠레 해구와 안데스 습곡산맥 형성.
D 지역 : 남아메리카 판과 아프리카 판이 분리되며 대서양중앙해령 발달.

그림이 하나씩 스캔될 때마다 상자에는 '**아름다워요, 최고야, 멋지다**' 라고 감탄 문구가 떴다.

판도라 달 기지. 퉁가바우 교수와 학생들은 미션을 지켜보며 감탄하고 있었다. 반니나가 토롱테이에게 말했다.

"지구 아이들은 어쩜 저렇게 쉽게 그림을 그려 내는 거야?"

"글쎄 말이야. 이번 미션이 가장 어려운 것 같은데, 쟤들은 아주 가볍게 미션을 통과하네?"

퉁가바우 교수가 대화에 끼어들어 말했다.

"읽거나 들은 내용을 그림으로 표현하기 위해서는 좌뇌와 우뇌를 함께 사용해야 하

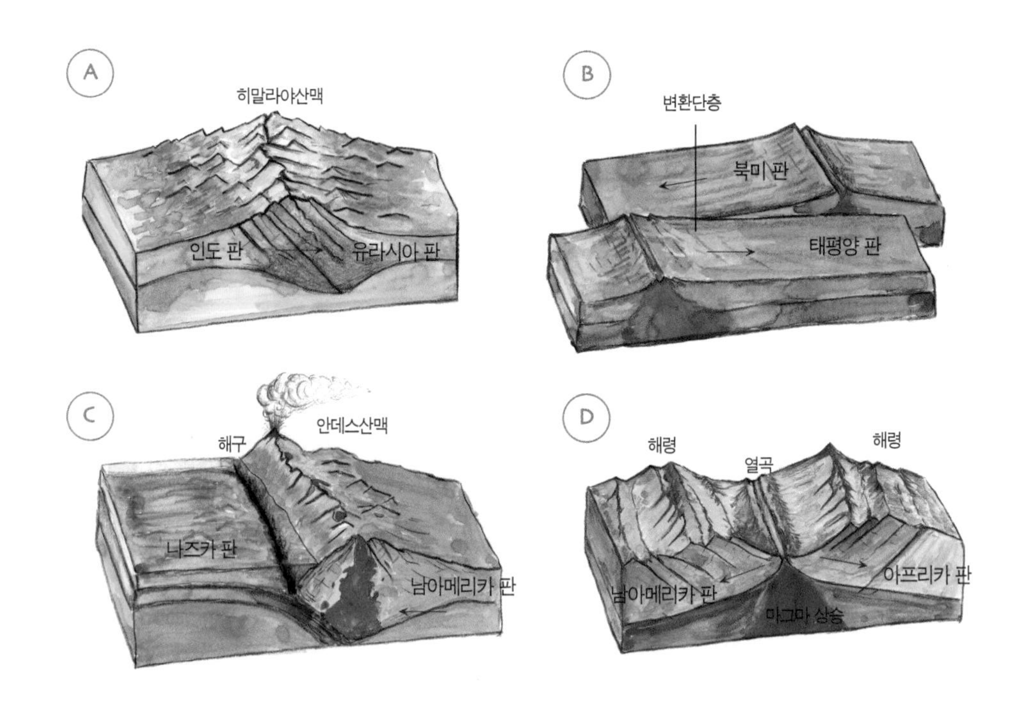

지. 이 일은 좌뇌와 우뇌의 의사소통이 원활해야 잘할 수 있는 종합적인 작업이란다. 이번 미션은 바로 그 능력을 측정하는 미션이었다. 그런데 지구인들은 그 능력이 상상 외로 뛰어난 듯하구나."

스텝 3은 이번 미션의 마지막 문제였다.

아이들은 서로 얼굴을 바라보았다. 과학자들도 논의하지 않은 다른 힘을 생각해 보

Step 3

지구 학자들이 판 이동에 관여한다고 논의해 온 힘은
맨틀의 대류, 비중 증가에 의한 판의 침강, 중력에 의한 판의 미끄러짐,
해령 밀기, 상승-하강 플룸, 달의 기조력 등입니다.
문제 : 과학자들 사이에서 논의되지 않은 또 다른 힘이 작용할 가능성은 없는지
창의적인 가설을 세워 제시하시오.(제한 시간:2시간)

보라니! 한참 동안 모두 말이 없자 아궁이 중얼거렸다.

"힘이라면……, 만유인력, 원심력, 전기력, 자기력, 핵력, 탄성력, 마찰력, 기조력, 관성력, 부력, 압력, 접착력, 근력……, 정신력……?"

잠시 후 세티야완이 말했다.

"암석이 냉각될 때 수축되는 힘은 어떨까? 해령은 뜨겁고 팽창되고 있는 상태인데, 해구로 가면서 냉각되잖아. 물질이 수축하면 부피가 줄어들게 되니까, 암석 수축으로 인해 잡아당기는 힘이 생기지 않을까?"

스완디가 물었다.

"해구의 암석이 수축되는 힘이라구?"

"그래."

"그건 아닐 것 같아. 암석의 수축은 해령에서 심해저 평원까지 이동하는 동안 냉각되고, 심해저 평원에 이르면 거의 냉각이 끝나서 수심의 변화가 거의 없거든."

하디얀토가 말했다.

"스완디 의견에 동감해. 냉각은 해령에서부터 시작해서 전체적으로 일어나는 것이지 해구에 와서 갑자기 냉각되는 것이 아니잖아?"

세티야완도 고개를 끄덕였다.

"생각해 보니 그 말이 옳은 것 같네."

"아……, 여러 과학자들이 수십 년 동안 생각해서 제시한 힘들 말고 또 뭐가 있겠어? 골치 아프다. 으휴~."

한참을 생각해도 묘안이 없자 아이들은 초조해지기 시작했다. 하디얀토가 갑자기 배를 쓰다듬으며 엉거주춤 일어서더니 말했다.

"나……, 화장실 좀 다녀올게. 신경성 대장 증상이 있어서……."

하디얀토는 시험 중에도 곧잘 배가 아팠다. 특히 신경을 많이 쓰는 과목 시험에서는 더욱 그랬다. 화장실에 온 하디얀토는 바지를 내리고 쪼그려 앉자마자 설사를 했다. 묽은 똥은 변기 바닥에 닿자마자 빈대떡처럼 펑퍼짐해졌다. 하디얀토는 고개를 숙여 똥을 보면서 중얼거렸다.

"용암대지로구나……. 어제는 방귀를 많이 뀌었고 종상화산 똥을 쌌는데……."

열극
지각이 길게 갈라져서 생긴 균열.

똥을 내려다보던 하디얀토는 문득 마그마의 성질이 지역마다 다르고, 화산 폭발의 형태도 다르다는 데 생각이 미쳤다. 이때부터 하디얀토의 머리는 빠르게 돌아가기 시작했다. 하디얀토는 변기 물을 내리지도 않고 그냥 서재로 향했다.

아이들은 여전히 가설을 찾지 못한 채 한숨만 쉬고 있었다. 하디얀토는 화장실에서 떠올렸던 아이디어를 아이들에게 설명하기 시작했다.

"얘들아, 발산 경계 해령 주변에서의 화산활동은 어떤 특성을 갖지?"

스완디가 대답했다.

"현무암질의 묽은 용암이 비교적 조용하게 분출한다고 알고 있어. 중앙해령의 연장선에 놓여 있는 아이슬란드의 화산들은 열극을 따라 용암이 줄줄 흘러나온다고 하더라."

"그럼, 수렴 경계 지역인 습곡산맥이나 호상열도에서의 화산 활동은?"

"안산암질의 마그마이고 폭발형인 경우가 더 많지."

아궁이 설명을 덧붙였다.

"우리나라 화산들을 생각해 봐. 1883년 크라카타우 화산의 엄청난 폭발로 산이 아예 날아가 버렸고, 탐보라 화산 폭발, 켈루드 화산 폭발, 게대 화산 폭발, 슬라메트 화산 폭발, 라웅 화산 폭발 등 화산 폭발로 죽은 인도네시아 사람만 해도 십 수만 명은 될걸. 이번 머라삐 화산 폭발도 처음이 아니야. 공식 폭발 기록만 55회가 넘어. 필리핀이나 일본의 화산들도 폭발형이 많아. 미국 서부나 남미 안데스산맥 쪽에도 폭발 형태의 화산이 많지. 그러니까 수렴 경계의 화산들은 폭발 형태의 분출이 많은 것으로 볼 수 있어."

하디얀토는 자신만만한 표정으로 종이에 그림을 그리며 말했다.

"수렴 경계 지역에서는 휘발성 가스가 많이 포함된 마그마가 폭발 형태의 화산활동을 하고 있고, 반면에 발산 경계 지역에서는 가스가 적은 묽은 마그마가 줄줄 흘러나오면서 조용한 분출을 하고 있다는 말씀이렷다."

잠시 후 하디얀토는 간단한 그림을 완성해 보였다.

발산 경계인 해령 지역에서 상승하는 마그마는 물이 포함되지 않고, 가스가 적어서

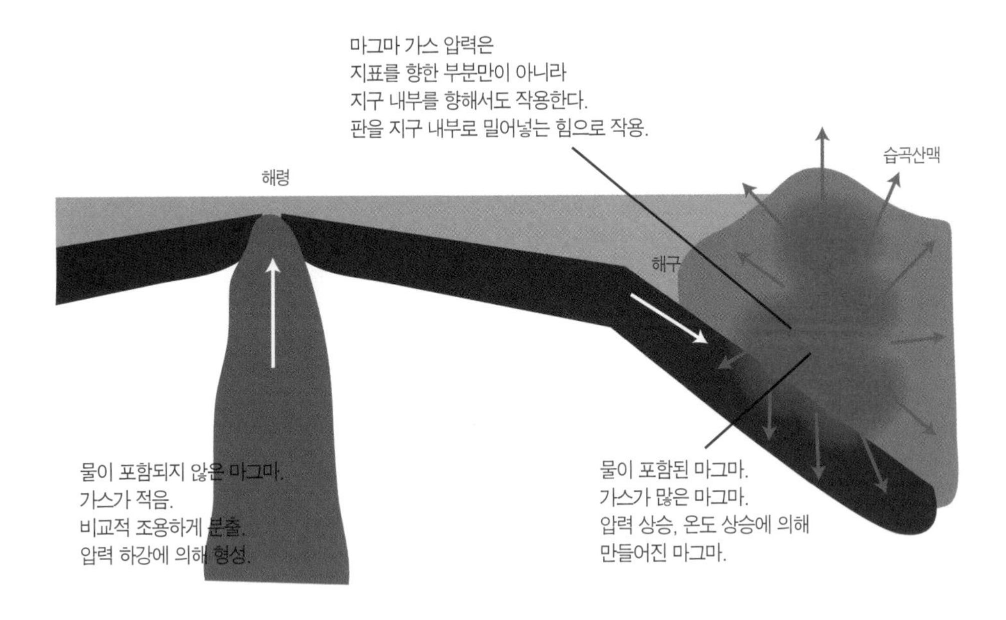

비교적 조용하게 분출한다. 이 마그마는 맨틀 물질의 상승으로 압력이 낮아지면서 만들어진 것이다.

수렴 경계인 해구 지역에서 침강하여 습곡산맥 하부나 호상열도 하부에서 형성되는 마그마는 물이 포함된 마그마이며 따라서 휘발성 가스가 많이 생성된 마그마이다.

아궁이 질문했다.

"마그마의 성질이 다른 것은 알겠는데, 그것이 어떻게 힘으로 작용한다는 거지?"

하디얀토가 말했다.

"아궁, 너 소화불량으로 장에 가스가 차 본 적 있지?"

"응, 있어."

"어땠어? 배 전체에 압박감이 심했지?"

"그래, 트림을 해 대고 방귀를 뀌어 댔지만 배 전체가 빵빵하고 뻐근해서 죽겠더라."

하디얀토가 말했다.

"호상열도나 습곡산맥 하부에서 형성되는 마그마는 가스가 많기 때문에 폭발을 일으키는데, 그때의 압력이 위쪽으로만 작용하는 것이 아니라 아래쪽으로도 작용하여 판의 침강을 돕는 힘으로 작용할 거라는 생각, 어때? 물이 포함된 암석이 섭씨 수백 도

초임계 유체
물이 374℃를 넘으면 기체와 액체의 성질을 함께 지닌 유체 상태로 된다. 물질을 잘 녹이는 물의 성질과 확산이 잘 되는 기체의 성질을 함께 가지기 때문에 커피에서 카페인을 추출하는 용도로 활용된다.

이상으로 가열되면 가스 팽창 압력만 해도 상당할걸."

스완디가 반색하며 말했다.

"와! 하디얀토, 멋진 아이디어야! 나는 치약을 손으로 누르면 입구로 치약이 나오지만 안으로도 밀려 들어간다는 생각을 하고 있었어. 그래서 마그마가 밖으로 분출할 때 지구 내부로 밀리는 힘을 받지 않을까 하고 말이야. 근데 네 의견이 훨씬 근사하다."

이때 세티야완이 제동을 걸었다.

"섭씨 수백 도의 가스라고 했지? 그 내용은 조금 수정해야 하지 않을까?"

아이들이 '왜?' 하는 표정으로 쳐다보았다.

"온도가 374°C를 넘으면 **초임계 유체**가 되는 거 아냐? 액체의 성질과 기체의 성질을 모두 가진 그런 초유체 말이야. 지하 온도가 1킬로미터에 20°C씩 상승한다고 쳐도, 지하 20킬로미터에 이르면 400°C가 되잖아."

하디얀토가 고개를 끄덕이며 말했다.

"거기까지는 미처 생각하지 못했어. 그러면 가스라는 낱말을 초임계 유체로 고쳐서 가설을 제출하면 어떨까?"

"그래."

아이들이 모두 고개를 끄덕였다. 약속된 두 시간이 지나자 하디얀토는 스텝 3의 과제에 대한 생각을 판도라 상자에 전달했다. 판도라 상자는 그 의견을 검토해 볼 만한 것으로 판정하였다.

미션은 성공했습니다. 축하합니다.

메시지를 띄운 판도라 상자는 이윽고 세계지도 모양의 석고판으로 굳기 시작했다.

달 기지의 한 학생이 퉁가바우 교수에게 질문했다.

"교수님, 이번 판도라 상자에는 불순 에너지가 담겨 있지 않았나요? 다른 상자에 비해서 무척 얌전해요. 그냥 문제만 출제하고 조용하게 석고판으로 변해 버려서 의아

해요."

퉁가바우 교수가 대답했다.

"머라삐 화산 폭발로 많은 사람이 죽고 다쳐서 슬픔에 잠겨 있는 인도네시아란 것을 영물 상자도 감지한 모양이구나. 위로는 못할망정 또 다른 시련을 안길 수야 없으니까. 그러니까 영물 상자 아니겠니?"

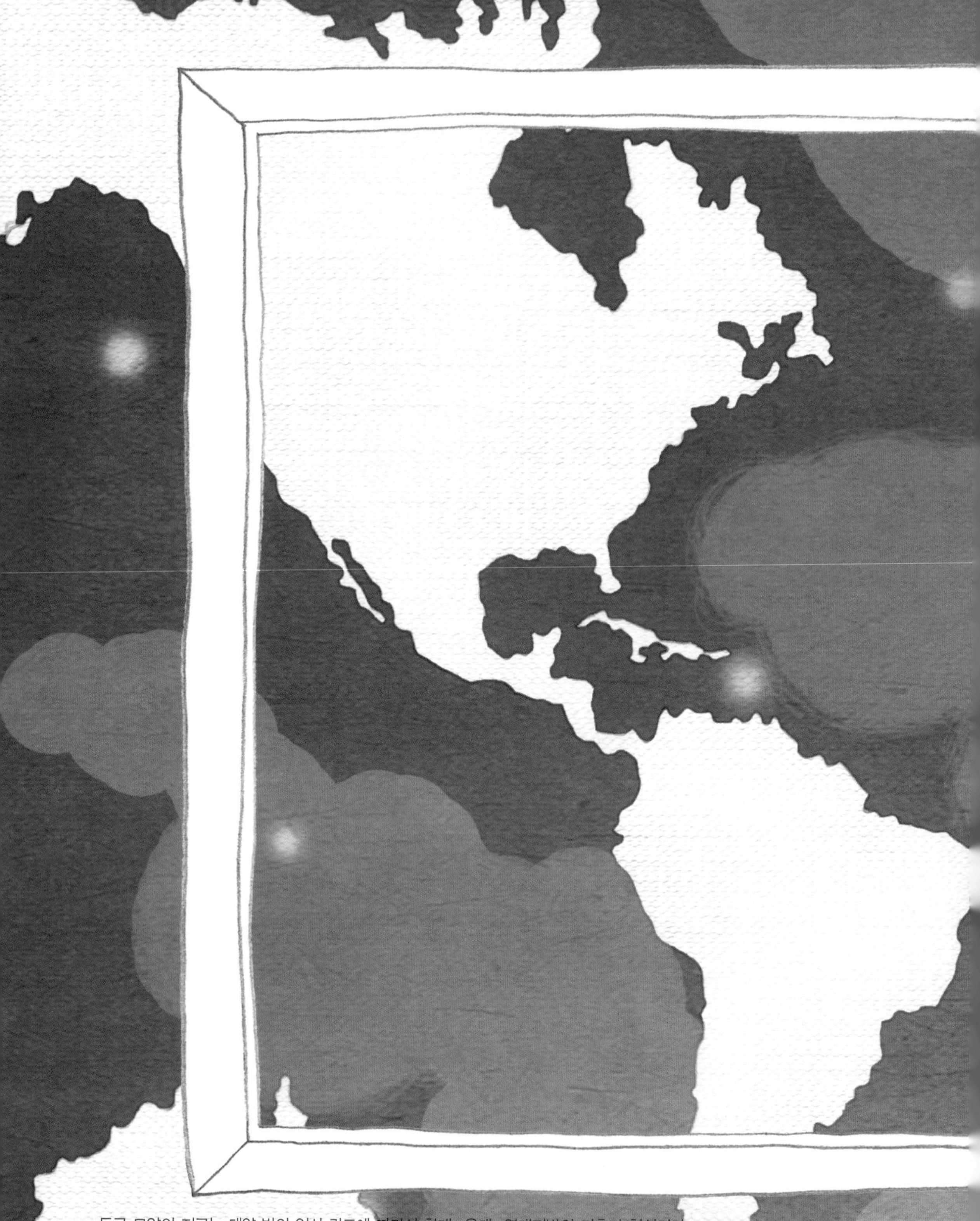

둥근 모양의 지구는 태양 빛의 입사 각도에 따라서 한대, 온대, 열대지방의 기후가 형성되며,
기울어진 자전축으로 인하여 여름과 겨울의 계절 변화가 일어난다.
바람은 왜 직진하지 않고 휘어지는 것일까? 고기압, 저기압, 태풍과 같은 기상 현상은 어떻게 발생하는 것일까?
날씨와 기후는 생물 활동에 가장 큰 영향을 주는 요인의 하나이며, 이는 인류의 문화와 문명 발달에도 큰 영향을 끼쳤다.
이 장에서는 날씨와 기후에 대한 기본적인 사항들을 알아본다.

미션 10

브라질의 시소 박사가 판도라의 메시지를 받은 것은 학생들의 프랑스 과학 축제 견학을 인솔하기 위해 파리에 머무르고 있을 때였다.

오늘 밤 9시에 박사가 묵고 있는 호텔 뒷산으로 학생 네 명을 데리고 오세요. 그곳에서 날씨와 기후에 관한 미션을 진행합니다.

시소 박사는 당혹스러웠다. 과학 축제 견학을 위해 데리고 온 고등학생은 아소와 미르자 둘뿐이었다. 시소 박사가 난색을 표하자 판도라는 프랑스 학생을 선발해서 미션에 참가시켜도 좋다는 추신을 보내왔다. 시소 박사는 프랑스 중등 교육국에 긴급 협조를 요청했다.

"장학관님, 부탁합니다. 자세한 내막은 묻지 마시고 똑똑한 아이 둘만 제게 보내 주십시오."

장학관은 시소 박사의 청을 수락했다. 그는 고1인 바르테즈와 이사벨을 통역사까지 딸려서 시소 박사에게 보냈다.

시소 박사는 일행들에게 판도라 상자의 미션을 수행하게 된 사연에 대해 설명했다. 통역사 알릭은 박사의 이야기를 듣고 눈이 튀어나올 정도로 놀라고 흥분하여 침까지 튀겨가며 통역했다.

밤이 되자, 시소 박사는 아이들을 데리고 뒷산으로 향했다. 야트막한 중턱에 이르렀을 때 은은한 불빛이 주위를 둘러싸고 있는 공터가 나타났다.

'음, 저긴가 보군.'

이때 시소 박사의 휴대전화에 메시지가 떴다.

이제 박사는 호텔로 돌아가십시오.

밤중에 아이들만 야산에 들여보내는 것이 못내 마음에 걸렸지만, 박사는 발걸음을 멈추고 아이들을 공터로 보냈다.

"자, 우리는 이제 돌아가도록 하세."

통역사 알릭은 박사의 말을 듣고 무척 아쉽다는 표정을 지었다.

'세상에 놀라운 일이 많다지만, 와! 이건 초특급 대박이야.'

그는 몸서리를 치고 싶을 정도로 흥분한 상태였지만, 시소 박사의 단호한 발걸음을 따를 수밖에 없었다. 호텔까지 내려온 알릭은 박사에게 작별 인사를 했다.

"그럼 이만 가 보겠습니다."

"아, 오늘 수고 많았네, 알릭. 장학관님께 정말 고맙다는 말씀 꼭 전해 주게."

알릭은 차를 몰아 호텔을 떠났다.

한편, 공터에 당도한 네 학생은 반투명한 오로라의 장막 속에 들어가 있는 상태였다. 야산의 날씨는 제법 쌀쌀했지만 내부는 따뜻하였고 싱그러운 피톤치드 향기가 났다. 아이들은 이스라엘의 아이들이 그랬던 것처럼 투명한 의자에 앉아 중앙의 홀로그램 영상으로 문제를 풀게 되었다. 판도라의 상자는 어떻게 생겼는지 보이지 않았다.

"환영합니다, 여러분!"

판도라의 목소리는 브라질어와 프랑스어로 동시에 나왔지만, 아이들의 귀에는 모국어만 들렸다.

"자, 그럼 미션을 시작하겠습니다. 미션 형태는 구술 면접 방식입니다. 스텝 1 그림을 보고 대답해 주세요. 답변 순서는 아소, 바르테즈, 이사벨, 미르자 순입니다. 아셨지요?"

아이들은 모두 자신들의 언어로 대답했다.

"네, 알겠습니다."

"아소에게 묻겠습니다. 적도에서 위도 30° 사이에 형성된 기후의 메커니즘에 대해 설명해 보세요."

첫 질문을 받은 아소는 무척 떨렸지만 그림을 보며 찬찬히 대답했다.

"적도는 태양 복사에너지가 가장 많이 입사하는 곳이기 때문에 기온이 높고, 공기가 가열되어 상승기류가 발달합니다. 그래서 날씨는 무덥고 비가 많이 옵니다. 그리고 대류권계면까지 상승한 공기는 상공에서 남북으로 갈라져 위도 30° 지역에서 하강하게 됩니다. 이 때문에 위도 20~30° 지역에는 공기가 많이 쌓여 고기압대를 형성합니다. 공기의 온도는 높고 비는 적게 오기 때문에 이 지역에 사막기후가 발달합니다."

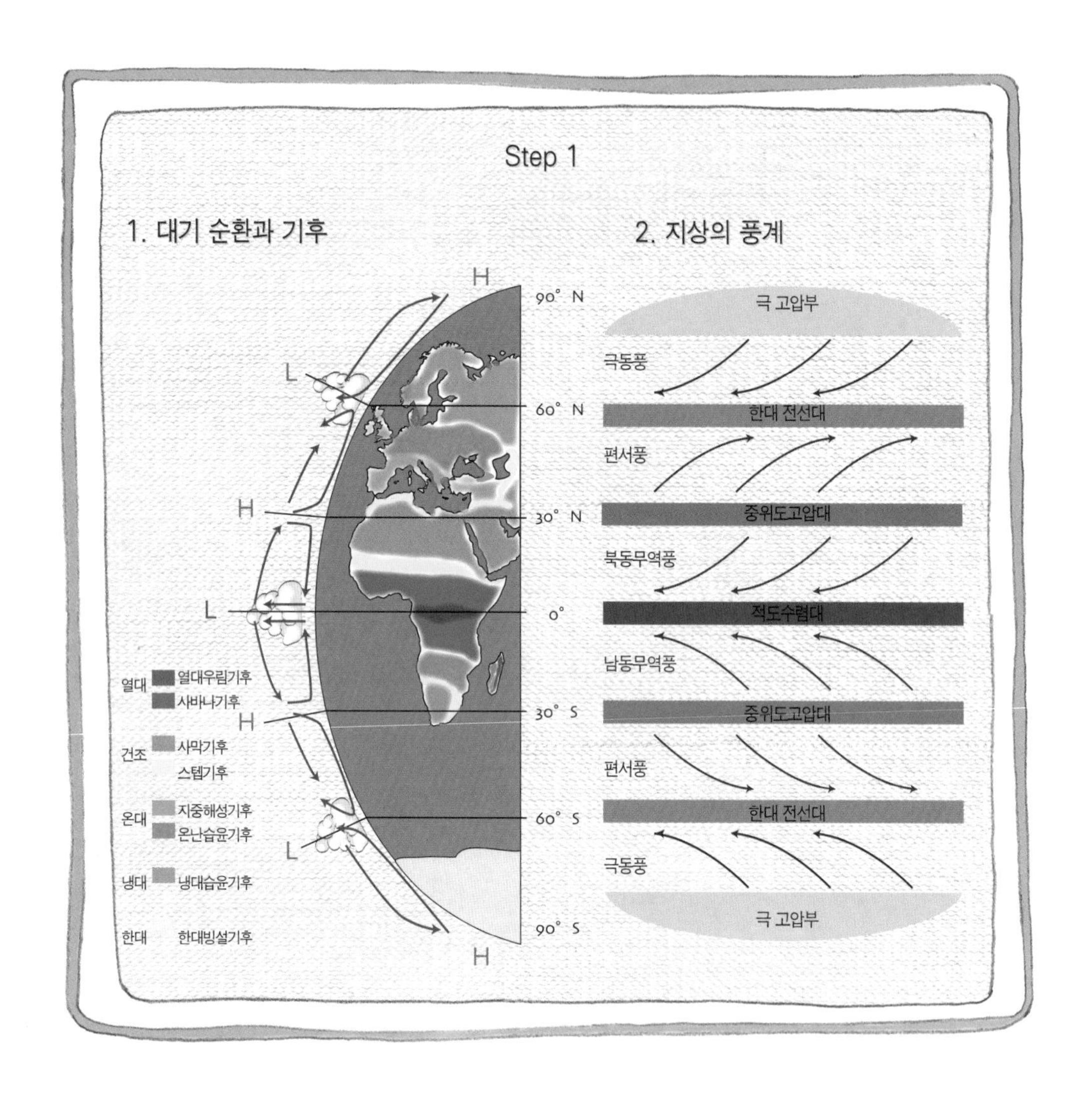

아소의 설명이 끝나자 판도라의 음성은 추가 질문을 던졌다.

"적도의 열대우림기후와 위도 20~30°의 사막기후 중간에는 사바나기후가 발달합니다. 사바나기후의 특징은 뭐죠?"

"사바나기후는 초원기후입니다. 열대우림기후와 달리 건기와 우기가 뚜렷합니다."

"우기와 건기가 뚜렷한 이유를 기상학적으로 설명할 수 있나요?"

"……여름에는 태양이 북회귀선 쪽으로 올라오고……, 그래

북회귀선, 남회귀선
하짓날 태양이 지면을 수직으로 비추는 위도선(23.5°N)을 북회귀선, 동짓날 태양이 지면을 수직으로 비추는 위도선(23.5°S)을 남회귀선이라고 한다. 회귀라는 말은 돌아간다는 뜻인데, 동짓날 이후 남반구에서 북상하던 태양이 하짓날 이후가 되면 다시 남쪽으로 돌아간다는 뜻에서 유래한 말이다. 이는 지구의 자전축이 공전궤도면에 대해 23.5° 기울어 있기 때문에 발생하는 현상이다.

서 적도수렴대도 북쪽으로 올라오게 되고……, 그러니까 구름대도 북상하여 북쪽 지역에 우기가 되는 것……."

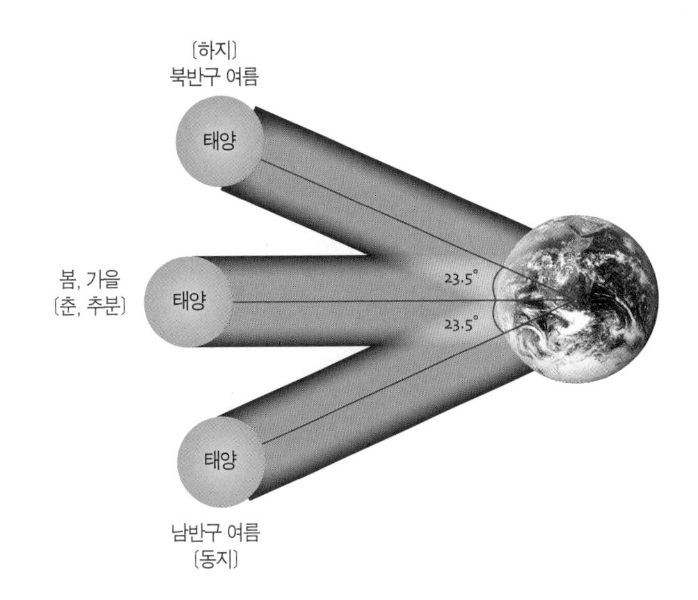

판도라의 상자가 말했다.

"말로 설명하기 힘들면 정신을 집중하고 머릿속으로 그림을 그려 보세요."

아소는 지시받은 대로 정신을 집중했다. 그러자 신기하게도 중앙 홀로그램 장치에 아소가 상상한 그림이 형상화되었다.

"아……."

판도라의 음성이 말했다.

"아소 군, 태양이 실제로 저렇게 움직이는 것인가요?"

"아닙니다. 지구의 자전축이 공전궤도면에 23.5° 기울어진 상태로 태양 주위를 공전하고 있기 때문에 태양이 움직이는 것처럼 느껴질 뿐입니다."

"좋습니다. 아소 군, 수고했습니다. 다음 질문은 바르테즈 군이 대답해 주세요. 위도 60° 지역은 한대 전선대입니다. '전선' 의 뜻은 무엇인가요?"

바르테즈는 침을 꿀꺽 삼키고 대답했다.

"전선은 성질이 다른 두 기단이 만나는 경계선을 뜻합니다."

"기단의 어떤 성질이 다른 것인데요?"

"온도나 습도 등이 다릅니다. 북극에서 내려오는 기단은 차고 건조한데, 중위도에서 북상하는 기단은 따뜻하고 습윤합니다. 두 기단이 만났을 때, 그 경계면을 전선면이라고 하고, 전선면이 지표에 닿아 있는 곳을 전선이라고 합니다."

"알고 있는 것을 정확하게 말로 설명하기란 생각만큼 쉬운 일이 아닌데, 참 잘했습니다. 다음은 이사벨 차례입니다. 위도 30° 지역과 극 지역은 모두 기압이 높은 지역입니다. 그런데 그 지역에서 발생하는 고기압은 성질이 같지 않습니다. 두 지역 고기압의 차이점을 설명해 보세요."

이사벨은 자신 있게 대답했다.

"위도 30° 지역의 고기압은 적도에서 상승하여 이동해 온 공기가 많이 쌓이게 되므로 공기의 압력이 상승하여 형성되는 것이고, 극 지역의 고기압은 냉각으로 인한 수축 때문에 압력이 상승하여 형성됩니다. 형성 원인이 다르기 때문에 성질도 다릅니다. 위도 30° 지역의 고기압은 지상부터 상공 10킬로미터 높이 정도까지 주위보다 압력이 높은 상태여서 '키 큰 고기압' 이라 불리며 내부의 온도가 높습니다. 반면에 극 지역의 고기압은 지상에서 3킬로미터 정도 높이까지만 기압이 높은 상태여서 '키 작은 고기압' 이라는 별명을 가지고 있습니다. 내부 온도가 매우 낮기 때문에 한파를 몰고 오는 고기압입니다."

"네, 위도 30° 지역에 발달하는 키가 큰 고기압을 아열대고기압, 한대지방 내륙에 발달하는 키 작은 고기압을 대륙성 한대 고기압이라고도 합니다. 같은 대상을 두고도 부르는 용어가 다양할 수 있기 때문에 용어에 익숙해지는 것도 학습의 중요한 과정이라 할 수 있겠습니다. 이제 미르자 양에게 묻겠습니다."

미르자가 고개를 끄덕였다.

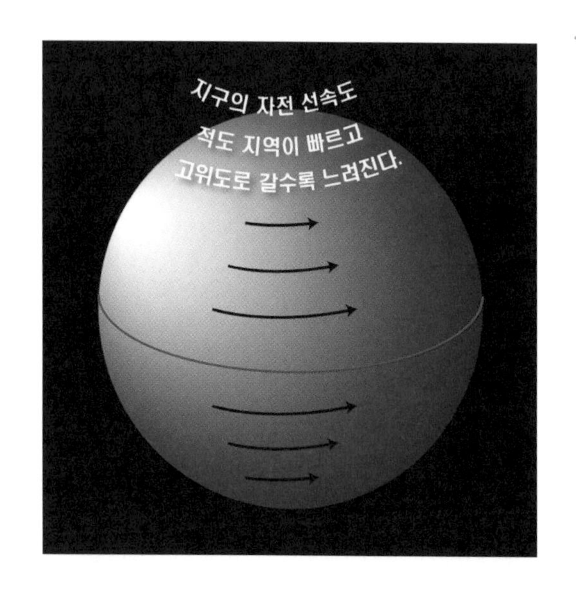

"극 고기압부에서 한대 전선대를 향해 부는 바람을 극동풍, 위도 30° 에서 60° 지역을 향해 부는 바람을 편서풍이라 부릅니다. 또한 위도 30° 에서는 적도수렴대를 향해 북동무역풍과 남동무역풍이 불고 있습니다. 그렇죠?"

"네, 그렇습니다."

"그런데 왜 바람은 고기압대에서 저기압대를 향해 똑바로 불어 가지 않고 비스듬하게 휘어지며 진행하는 것이지요?"

미르자는 과학 수업 시간에 배웠던 기

억을 떠올리며 간단하게 답했다.

"전향력이 작용하기 때문입니다."

"어떻게요?"

"북반구에서는 바람 진행 방향의 오른쪽으로, 남반구에서는 진행 방향의 왼쪽으로 작용합니다."

"전향력이 실제로 존재하는 힘인가요?"

"……?"

미르자는 질문의 뜻을 선뜻 이해하기 어려웠다. 판도라의 음성이 재차 물었다.

"만유인력, 전자기력, 강핵력, 약핵력 등의 힘은 물체에 작용하는 기본 힘입니다. 전

기본 힘
질량과 질량 사이에 작동하는 만유인력, 전자와 원자핵 사이에 작용하는 전자기력, 양성자와 중성자 사이에 작용하는 강핵력, 중성자가 양성자로 또는 그 반대로 속성이 변할 때 작용하는 약핵력을 네 가지 '기본 힘'이라고 한다.

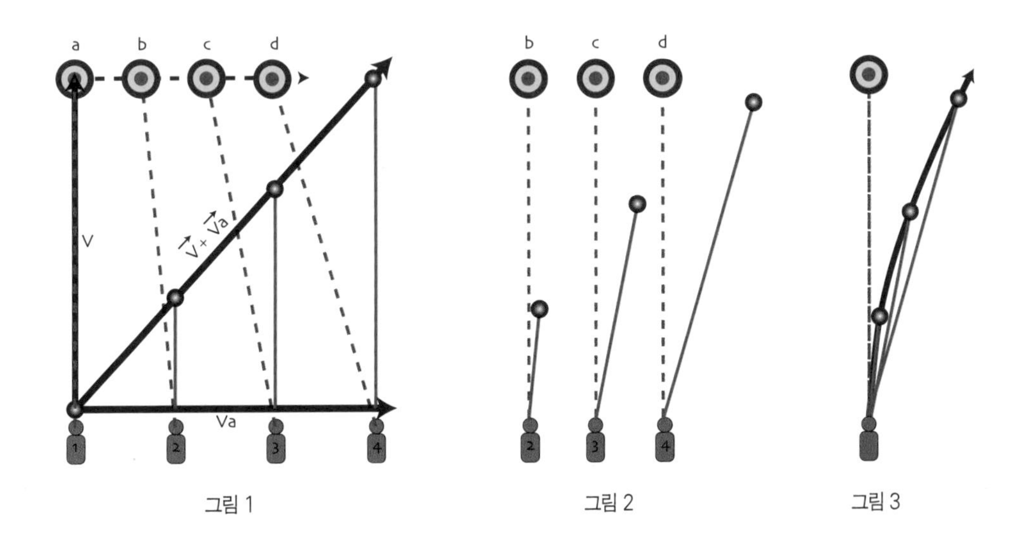

그림 1 그림 2 그림 3

향력도 그런 것인지 묻는 겁니다."

미르자가 우물거리며 말했다.

"그렇지는…… 않은 것…… 같습니다……. 왜냐하면…… 회전하는 원판에 구슬을 굴리면…… 구슬은 직진하지만…… 원판에 대해서는……구슬이 굴러간 경로가 휘어지는 것처럼 나타나는 것과 같은 원리라고 할 수 있습니다."

판도라의 음성은 잠시 침묵하더니 말했다.

"화면을 보세요. 지구의 자전 선속도는 적도 지역이 빠르고 고위도로 갈수록 느려지지요?"

"네."

"그럼, 다음 그림을 보세요."

"저위도에서 고위도에 있는 표적을 향해 포탄을 속도 V로 발사했습니다. 이때 포탄이 실제로 날아가는 방향은 V+Va 방향입니다. 왜 그런지 미르자 양은 알고 있지요?"

"포탄은 발사되기 이전부터 지표와 함께 Va의 속도로 이동하고 있었기 때문에 계속 운동하던 방향으로 진행하려는 관성력이 작용합니다."

"맞습니다. 포탄을 발사한 후 저위도의 관측자가 1－2－3－4로 이동하는 동안 표적도 a－b－c－d로 이동합니다. 그러나 두 지역은 이동속도가 다르기 때문에 시간이 흐를수록 점점 더 포탄은 표적을 벗어나게 됩니다. 그림 1을 가위로 잘라서 관측자의 시선과 표적을 평행하게 배열하면 그림 2가 되는데, 시간이 흐를수록 포탄이 표적과 멀어지고 있음을 알 수 있습니다. 그림 2를 하나의 그림으로 합친 후 포탄의 이동 경로를 선으로 연결하면 그림 3처럼 포탄의 휘어지는 경로를 나타낼 수 있습니다. 이러한 현상을 처음 발견한 지구인은 누구인지 알고 있지요?"

"프랑스의 학자 코리올리입니다."

"맞습니다. 전향력은 실재하는 힘이 아니라 관성력에 의해 나타나는 일종의 효과입니다. 그러니까 전향력이라는 말보다는 '코리올리효과'라고 부르는 것이 더 좋을 듯합니다. 어때요, 미르자 양?"

"네, 판도라 선생님."

미르자의 말에 판도라의 음성은 유쾌하게 웃었다.

"호호호, 그 말 듣기 좋네요, 판도라 선생님!"

잠시 후 판도라의 미션은 스텝 2로 넘어갔다.

"자, 학생들 보세요. 그림은 온대저기압의 단면도와 일기도에 나타나는 전선의 모습을 간략하게 나타낸 것입니다. 누가 파리의 일기예보를 해 볼래요? 기상 캐스터처럼 말이에요."

"앗, 저요!"

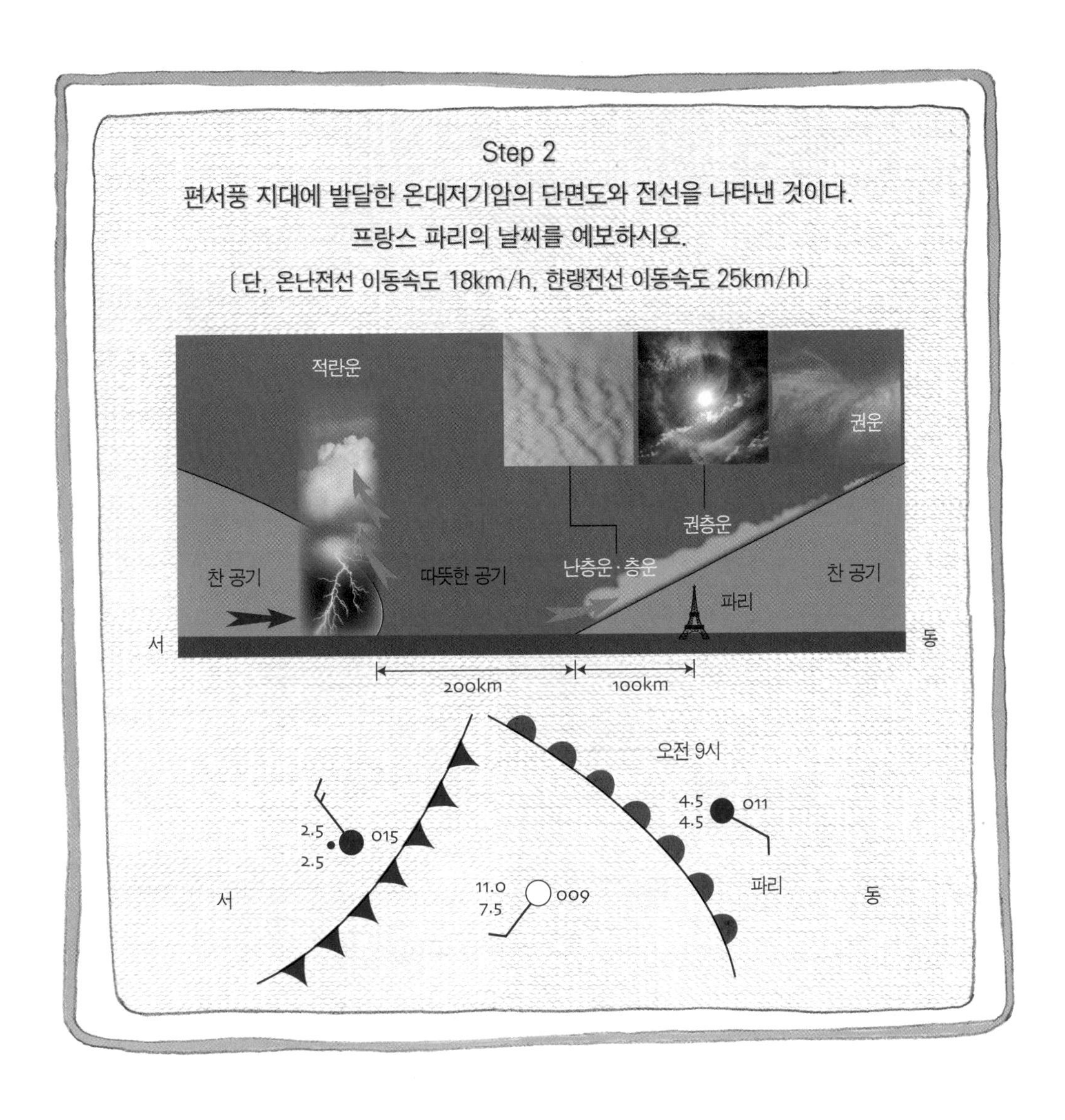

기상 캐스터를 매력적인 직업으로 생각하고 있던 이사벨이 반사적으로 손을 들었다.

"좋아요, 이사벨. 잘해 봐요!"

"오전 9시 현재, 파리의 일기예보입니다. 이른 아침 높은 하늘에서부터 다가온 구름들이 차차 낮게 깔리기 시작하면서 파리의 하늘은 흐린 상태이며 오전 내내 가랑비가 내리겠습니다. 기온은 4.5°C이고, 초속 5미터의 남동풍이 불고 있어서 다소 쌀쌀합니다. 그러나 풍향이 남서풍으로 바뀌는 오후 2~3시경부터는 구름이 걷히고 기온이 상승하여 따뜻하겠습니다. 하지만 한랭전선이 통과하는 밤 9시경부터는 천둥과 번개를 동반한 소나기가 내릴 가능성이 높습니다. 기온도 많이 떨어져서 2°C 내외일 것으로 예상되며 강한 북서풍이 불기 때문에 체감온도는 더욱 내려가겠습니다. 하지만 비는 오전과 달리 한두 시간 이내에 그칠 전망입니다."

판도라의 음성이 말했다.

"이사벨, 참 잘했습니다. 그런데 한 가지 묻겠습니다. 일기도에는 온난전선과 한랭전선 사이의 구역에 11°C로 표기된 일기기호가 있는데, 왜 11°C라고 예보하지 않았지요?"

이사벨이 대답했다.

"제시된 일기도는 오전 9시의 날씨를 나타내고 있습니다. 낮이 되면 태양 복사열로 인해 지면이 더욱 가열될 것이기 때문에 11°C보다는 기온이 훨씬 높아질 것입니다. 그러나 정확하게 몇 도가 될는지는 저 자료만으로 알기 어렵습니다."

판도라의 음성이 이사벨에게 말했다.

"이사벨 양, 당장 기상 캐스터로 데뷔해도 되겠어요. 훌륭합니다."

다음 스텝은 태풍에 관한 것이었다.

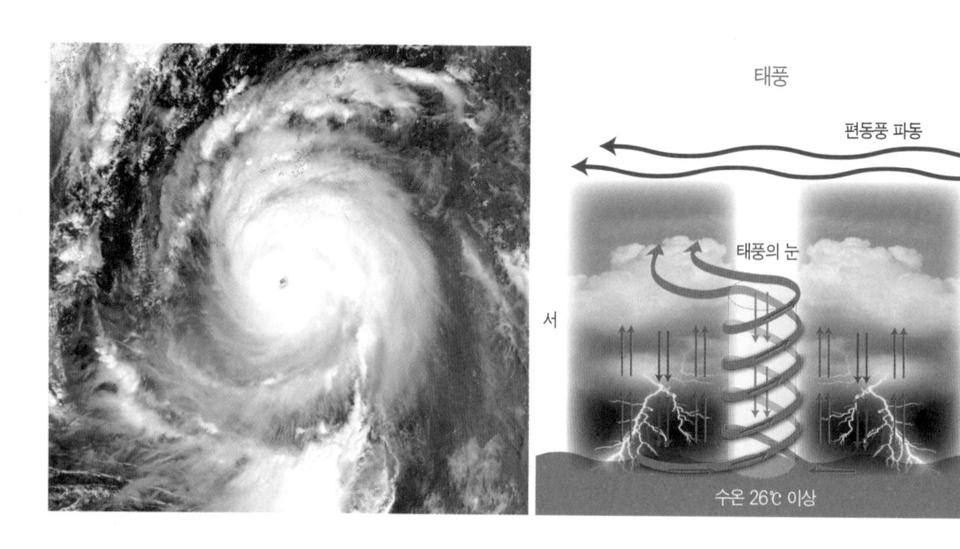

수온이 26°C 이상인 열대 해상, 위도 5~25°에서 발생하는 태풍은 강력한 상승기류로 인해 탑처럼 높이 솟은 적란운이 겹겹이 발달하며 강한 바람과 비를 동반한다. 상승기류로 인해 중심부의 기압이 매우 낮으므로 바람은 중심부를 향해 반시계 방향으

로 불어 들어간다. 태풍은 전체적으로 상승기류가 우세하지만 태풍의 중심부와 적란운의 탑들 사이에는 하강기류도 발생한다. 특히 중심부의 하강기류가 강하면 구름이 소멸하여 위성으로 찍은 사진에서 구멍이 난 것처럼 보이기도 하는데 이를 '태풍의 눈'이라고 한다.

태풍이 바다에서만 발달하는 이유는 수증기가 물방울로 응결할 때 방출하는 잠열을 주에너지원으로 하기 때문이다. 때문에 태풍은 육지에 상륙하면 수증기 공급이 중단되고 지면의 마찰로 인한 에너지 손실에 의해 열대성저기압으로 세력이 약화되거나 소멸하게 된다. 동태평양 또는 대서양 쪽에서 발달하는 허리케인, 인도양에서 발달하는 사이클론, 호주 주변 남태평양에서 발달하는 윌리윌리는 모두 태풍과 동일한 성질의 열대성저기압이 발달한 것이다. 단, 윌리윌리는 남반구에서 발달하는 대기 운동이므로 바람이 시계 방향으로 회전한다.

이번 판도라 미션은 마치 학교 수업 시간처럼 진행되었다. 문제를 풀지 못하면 판도라의 불순 에너지가 지구 전체를 파멸로 몰아갈 것이라는 걱정 따위는 모두들 잊은 것 같았다.

그러나 화기애애한 분위기는 느닷없이 깨지고 말았다. 공터를 둘러싸고 있던 오로라의 장막이 부르르 떨리는가 싶더니 갑자기 회전하기 시작한 것이다.

우우웅. 우우우웅. 강한 파동음이 아이들의 고막을 압박했다.

"윽!"

"아!"

아이들은 귀를 막으며 몸을 웅크렸다. 판도라의 음성이 화난 목소리로 말했다.

"몰래카메라로 촬영을 해?"

우수수 날아오른 낙엽들이 공터 주변을 빠르게 날며 칼바람 소리를 냈다.

휘이이잉. 휘이이윙.

잠열(숨은열)

고체-액체-기체로 상태가 변화할 때는 온도 변화가 없어도 열의 출입이 일어나는데, 이때 출입하는 열을 잠열 또는 숨은열이라고 한다. 물질이 열을 흡수하면 분자들의 운동 상태가 활발해지므로 고체 → 액체 → 기체의 방향으로 상태 변화가 일어나게 되고, 그 반대로 물질이 열을 방출하면 분자들의 운동 상태가 억제되어 기체 → 액체 → 고체의 방향으로 상태 변화가 일어난다. 따라서 얼음이 물로 융해되거나, 물이 수증기로 증발되거나, 얼음이 수증기로 승화될 때는 열의 흡수가 일어나고(물질이 열을 흡수하므로 외부 환경의 온도는 내려간다), 수증기가 물로 응결하거나, 물이 얼음으로 응고되거나, 수증기가 얼음으로 승화될 때는 열의 방출이 일어난다(물질이 열을 밖으로 방출하기 때문에 주변의 온도가 상승한다).

태풍과 윌리윌리의 회전 방향이 다른 이유는?

북반구의 지표면은 자전축을 중심으로 반시계 방향으로 회전하고, 남반구의 지표면은 시계 방향으로 회전한다.(북극 상공에서 지구를 내려다볼 때의 방향과 남극 상공에서 지구를 내려다볼 때의 회전 방향을 떠올려 보면 이해하기 쉽다.) 때문에 북반구에서는 바람의 방향이 오른쪽으로 편향되고, 남반구에서는 왼쪽으로 편향되는 코리올리효과가 발생한다. 그 결과 태풍, 허리케인, 사이클론처럼 북반구에서 발달하는 열대 저기압은 반시계 방향으로 회전하는 바람이 불게 되고, 남반구에서 발달하는 열대 저기압 윌리윌리는 시계 방향으로 회전하는 바람이 불게 되는 것이다.

오로라의 파동은 삽시간에 여러 개로 분할되더니 낙엽들을 휘몰아치며 공터 주변을 팽이처럼 맴돌기 시작했다.

"어쿠쿠! 사람 살려!"

공터 한쪽에서 낙엽들과 함께 붕 떠오른 한 사내가 내지른 소리였다. 사내는 공중에 뜬 채 빙글빙글 풍차처럼 돌아갔다.

"잘못했어요! 살려 주세요!"

비명의 주인공은 통역사 알릭이었다. 시소 박사와 헤어진 알릭은 곧장 집으로 돌아가는 대신 미션 현장으로 돌아왔던 것이다. 알릭은 낙엽 더미를 쓰고 엎드린 채 지금까지의 상황을 휴대전화로 촬영하며 인터넷에 동영상을 올리고 있었던 것이다.

"어쿠쿠쿠, 어쿠쿠쿠. 살려 주세요."

알릭의 간절한 외침 때문이었을까? 바람개비처럼 날리며 공중으로 떠오르던 알릭이 쿵 소리와 함께 공터 바닥으로 추락했다. 여러 개로 나뉘어 회오리치던 오로라의 장막이 순식간에 사라진 때문이었다. 미처 가라앉지 못한 낙엽들만이 나풀거리는 동안 고요함이 흘렀다. 귀를 막고 엎드려 있던 아이들이 주춤주춤 일어났다.

"어떻게 된 거지?"

방금 전까지 세상을 뒤집어 놓을 듯 요동치던 주변은 아무 일 없었던 것처럼 조용하기만 했다.

"죽은 거 아냐?"

바르테즈가 다가가 널부러져 있는 알릭을 조심스럽게 흔들었다.

"끙~!"

다행히도 알릭은 크게 다치지는 않았다.

아이들이 침울한 표정으로 시소 박사가 묵고 있는 호텔로 터덜터덜 돌아왔다. 시소 박사는 아이들이 다치지 않았다는 사실에 안도했고 더 이상 다른 말은 하지 않았다.

한편, 이 상황을 지켜보고 있던 판도라 달 기지에서는 두 사람이 이번 상황에 대해 의견을 나누고 있었다. 퉁가바우 교수가 심리학자 나쉬리에게 말했다.

"제삼자가 미션을 방해하는 경우에 판도라 상자가 불순 물질을 지구에 방사하도록 설계되어 있지 않나요?"

나쉬리가 말했다.

"글쎄요. 저도 그렇게 알고 있는데 이상하군요. 판도라 상자의 제어장치를 통제할 수 있는 사람은 츄이 의장 정도밖에 없는데……, 츄이가 아니라면……, 혹시……?"

나쉬리가 말끝을 흐리자 궁금해진 퉁가바우 교수가 물었다.

"혹시, 뭐요?"

나쉬리는 얼른 고개를 저었다.

"아뇨, 잘 모르겠어요. 그냥 해 본 소리예요. 아무튼 특별한 일 없이 이번 미션이 끝났으니, 이제 하나 남았죠? 마지막 미션이 기대되는걸요. 호호."

나쉬리 박사가 말을 돌리자, 퉁가바우 교수는 더 이상 묻지 않고 시계를 흘깃 보더니 말했다.

"아 참, 내 정신 좀 봐. 아이들하고 농구 게임할 시간이 되어서 가 봐야겠어요."

"농구요?"

"네, 아이들이 달 분화구에 임시 농구장을 만들었거든요. 농구대 높이가 10미터도 넘지만 중력을 조정하지 않은 가건물에 설치한 것이라서 덩크슛 하기에 딱이에요. 나 같은 몸매도 붕붕 날 수 있어요. 으히히."

퉁가바우 교수가 부리나케 자리를 뜨자 나쉬리 박사는 혼잣말을 했다.

"미르자라는 아이……, 깊이를 알 수 없는 그윽한 눈매가 그 양반을 쏙 빼 닮았어……. 어떻게 된 것일까……?"

미션 11

물은 매우 특이한 물질이다.
우리의 환경을 둘러싸고 있는 물질 중 상온에서 고체, 액체, 기체로 동시에 존재하는 물질은 오로지 물뿐이다.
바다는 액체 상태의 물이 차지하는 공간으로 지구 표면의 70% 이상을 차지한다.
바닷물은 왜 짠 것일까? 바닷물에는 어떤 성분들이 녹아 있으며, 한류와 난류의 특성에는 어떤 차이가 있는 것일까?
바닷물의 순환이 없다면 지구의 기후는 어떻게 달라질까?
여느 행성과 달리 지구에 생명이 살 수 있게 된 것은 바다가 있기 때문이다.
바다는 생명의 요람이며 오염으로부터 지켜야 할 소중한 자원이다.
주인공들과 함께 바닷속을 여행하며 바다의 상태를 실감해 보자.

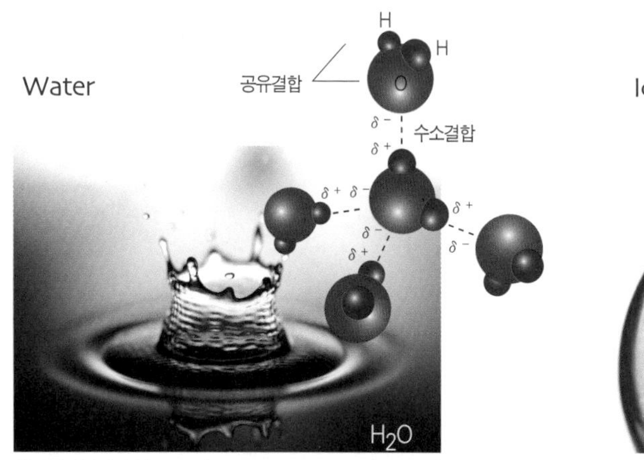

물방울 이미지 출처 http://homepage.mac.com/weepul/watersplash1.jpg
얼음 이미지 파일 출처 http://kldp.org/node/57914

"물은 매우 특별한 물질입니다. 열용량(비열), 그리고 물이 상태변화를 할 때 출입하는 잠열은 물질들 중에서 거의 최대이며, 끓는점과 녹는점도 매우 높고, 표면장력, 용해력, 열전도도 또한 최대인 물질입니다. 투명도가 매우 높고 압축이 거의 되지 않으며, 열팽창이 매우 작은 물질이기도 하지요. 상온에서 고체, 액체, 기체로 동시에 존재하는 신비로운 존재인 물! 물이 이러한 독특한 성질을 띠는 것은 왜일까요?"

김경렬 박사의 질문에 앞자리에 앉은 한 수강생이 답했다.

"물의 분자구조가 특별하기 때문입니다."

"좀 더 구체적으로요."

"물은 두 개의 수소 원자와 한 개의 산소 원자가 공유결합을 하고 있는데, 수소 두 개가 약 105° 의 각으로 결합하기 때문에 전기적으로 극성을 띠게 됩니다. 그래서 물 분자들 사이에 인력이 생기므로 여러 가지 독특한 성질을 가지게 됩니다."

김 박사가 고개를 끄덕이며 말했다.

"그렇습니다. 비대칭적인 구조를 가진 물 분자는 +, - 전하를 동시에 띠면서 이웃한 물 분자를 끌어당기는 힘을 가지게 됩니다. 이런 특별한 모양의 결합을 과학자들은 '수소결합' 이

열용량

어떤 물질을 1℃ 높이는 데 필요한 열량을 '열용량' 이라고 한다.
「열용량=비열×질량」이므로 '물은 비열이 큰 물질이다.' 라는 표현을 써도 무방하다.

물의 끓는점이 높다?

1기압 상태에서 물의 끓는점은 100℃다. 이는 대기를 구성하는 기체 성분의 끓는점과 비교할 때 매우 높다는 뜻이다.

기체 성분	CO_2	CH_4	O_2
끓는점(℃)	-78.5	-162	-183
Ar	N_2	H_2	He
-186	-196	-250	-269

*참고_금(Au)의 끓는점은 2,856℃, 다이아몬드(C)의 끓는점은 4,827℃이며, 현재까지 끓는점이 가장 높은 것으로 알려진 물질은 텅스텐(W)으로 5,657℃이다.

라고 부릅니다. 이 수소결합이 물의 특별한 성질을 만들어 내는 것이지요. 보통 물질은 고체가 되면 수축하여 무거워지는데, 얼음은 어떤가요?"

"물이 얼음으로 변하면 부피가 팽창하여 밀도가 작아집니다."

김 박사가 프레젠테이션 화면을 가리키며 말했다.

"그렇습니다. 물이 얼음으로 변하면 육각형의 구조로 배열되면서 빈 공간이 생겨납니다. 얼음이 녹기 시작하면 얼음 내부에 비어 있던 공간에 물 분자가 들어갈 수 있게 되면서 밀도가 얼음보다 커지게 되는 것이지요. 하지만 물은 4°C에서 최대 밀도를 보이고, 온도가 더 상승하면 분자운동이 빨라지면서 여느 물질들처럼 밀도가 감소하게 됩니다."

강의실 뒤편에 있던 한 수강생이 말했다.

"교수님, 잠깐 쉬었다가 하시면 어떨까요?"

김 박사가 시계를 보더니 말했다.

"아, 시간이 벌써 이렇게 되었나요? 그럼, 잠깐 쉬고 합시다."

강의에 참석한 사람들로 북적대는 강의실에서 인우와 예지는 두리번거리며 다은이와 벼리를 찾았다.

"저기 있다. 다은아, 벼리야!"

인우, 예지, 다은, 벼리. 네 아이는 한 달 만에 다시 만났지만, 거의 매일 메시지를 주고받는 사이라 새삼 안부 인사를 나누지는 않았다.

"우리 중에서 누가 뽑힐까?"

그들의 관심은 판도라 미션에 누가 선발될지에 쏠려 있었다.

"글쎄, 내일이면 알게 되겠지. 우리 중 하나가 뽑힐 거고, 러시아, 캐나다, 일본에서 각각 한 명씩 선발될 거래."

김 박사가 강단에 올라섰기 때문에 아이들은 자기 자리로 돌아갔다.

"자, 그럼 계속할까요? 다음 화면은 바람에 의해 형성된 태평양 표층 해수의 흐름을 나타내고 있습니다. 적도 지역은 무역풍에 의해서 해류가 서쪽으로 흐르기 때문에 서태평양의 수온이 전 세계 해양 중에서 가장 높습니다. 바람이 물을 밀어 주는 효과 때문에 동 태평양 수역은 심층에서부터 표층으로 찬물이 상승하게 되는데, 이 같은 현상

바람에 의해 형성된 태평양 표층 해수의 흐름

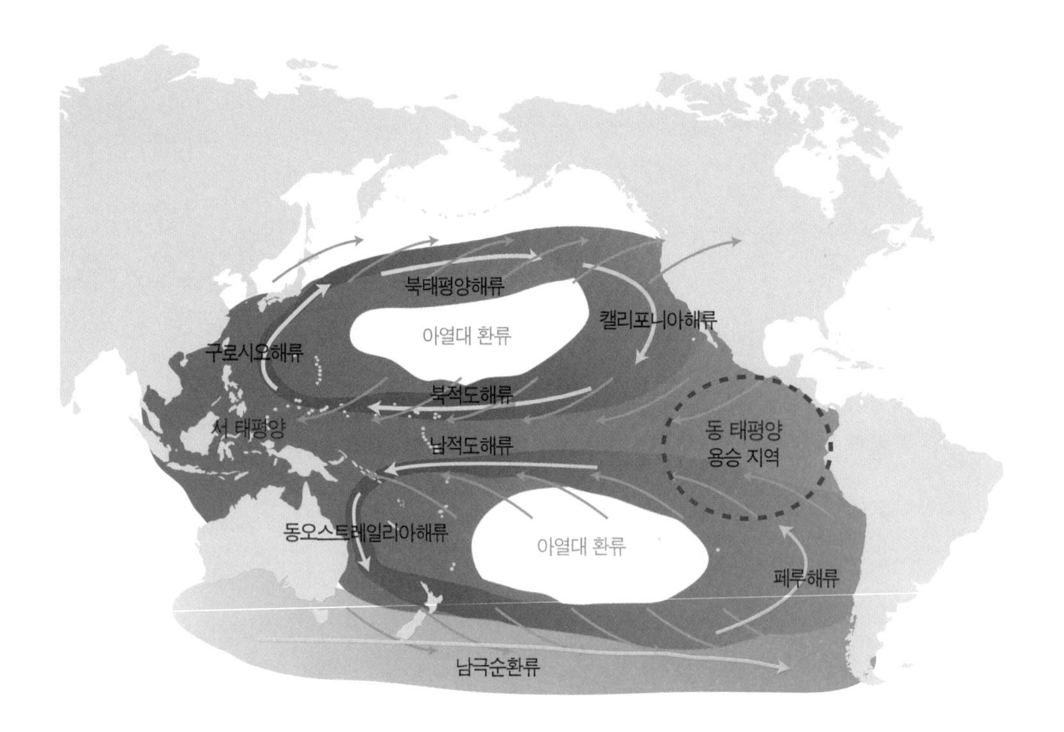

을 '용승'이라고 합니다. 용승이 일어나면 좋은 어장이 형성됩니다. 그 이유는 무엇일까요?"

선뜻 대답하는 사람이 없자, 다은이가 대답했다.

"심층에서 상승하는 물은 산소가 풍부하고 플랑크톤의 먹이가 되는 영양염이 많기 때문에 그렇습니다."

김 박사가 고개를 끄덕이고는 재차 질문했다.

"무역풍이 약해지면 용승 현상도 약해지겠지요? 그러면 동 태평양의 수온이 어떻게 달라지며, 어떤 현상이 나타날까요?"

"무역풍이 약해지면 더운 물을 서쪽으로 잘 밀어 주지 못하기 때문에 동 태평양 해역의 수온이 상승하게 되는데요. 그런 상태를 '엘니뇨'라고 부릅니다. 이와는 반대로 무역풍이 평소보다 강해져서 동 태평양 해역의 수온이 평소보다 낮아질 때는 '라니냐' 현상이 일어나는 것으로 알고 있습니다."

김 박사는 흡족한 미소를 띠며 말했다.

"그렇습니다. 아직까지는 엘니뇨와 라니냐의 정확한 원인을 규명하지 못한 상태입니다만……. 여러분, 화면을 잠깐 보실까요. 그림은 NOAA 위성에서 적외선 탐사로 얻은 엘니뇨 상태의 해수 온도를 나타내고 있습니다. 동 태평양 적도 지역의 수온이 3~5˚C 정도 상승한 것을 알 수 있지요. 엘니뇨가 발생하면 평소와 달라진 생태 환경으로 인해서 플랑크톤이 급감하는 등 생태계의 교란이 일어나고, 구름대의 영역이 이동하면서 홍수와 가뭄 등의 기상이변이 초래되기도 합니다. 엘니뇨로 인해 어획고가 급감하는 바람에 남미의 안초비 가공 공장들이 조업을 중단했고 실업자가 대량 발생하여 범죄가 급증하는 등 사회적 문제가 야기된 적도 있습니다. 자연의 작은 변화가 미치는 막대한 파급효과를 피부로 느끼게 해 준 사례였지요."

엘리뇨 상태의 해수 온도

김 박사의 강의는 이후로도 두 시간이나 더 진행되었다. 김 박사는 컨베이어 벨트라고 불리는 심층 해수의 순환, 해양에 녹아 있는 산소의 양과 영양염의 분포, 물의 순환이 기후에 미치는 영향 등에 대해서 설명했다.

"이 그래프는 남극에서 시추한 얼음을 분석하여 얻은 자료를 토대로 그린 것인데요, 흔히 키일링 곡선이라고 부릅니다. 두 그림을 비교해 보면 대기 중 이산화탄소의 함량과 대기의 온도 변화는 동일한 패턴으로 움직이고 있음을 알 수 있습니다. 즉, 대기 중 이산화탄소의 함량이 증가하면 지구 대기의 온도가 상승하고, 반대로 이산화탄소 함량이 줄어들면 지구 대기의 온도가 하강하는 것이지요. 이런 식으로 여러 차례 빙하기와 간빙기가 반복되었습니다. 그렇지만 지난 수십 년 동안의 이산화탄소 증가량과 온도 상승의 폭은 가히 폭발적이라 할 수 있지요. 그 원인은 인간의 활동과 밀접한 관계가 있다고

남극 얼음을 시추하여 과거의 온도를 알아낸다?

남극의 얼음은 십 수만 년 이상의 기간 동안 축적된 것이어서 얼음 속에 포함된 공기 성분을 분석하면 과거의 대기 온도를 추정할 수 있다. 얼음 기포에 포함된 산소나 수소의 동위원소 함량 비율을 측정하여 알아낸다. 대기 온도가 높으면 O^{18}, H^{2}와 같은 동위원소의 비율이 높아지기 때문이다.

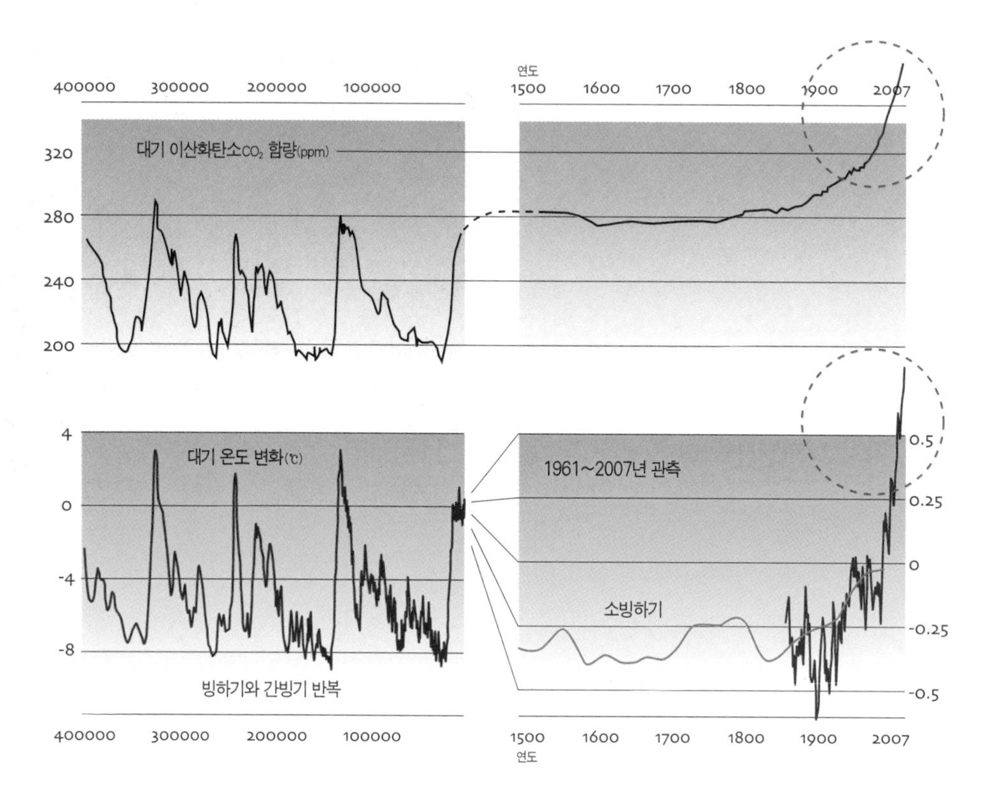

남극 얼음 시추 분석 자료(키일링 곡선)

보는 견해가 지배적입니다. 지구온난화로 인한 해빙 현상과 해수면의 상승, 해안선의 침수, 사막화 현상, 강수량의 변동 등은 인류가 해결해야 할 큰 숙제가 아닐 수 없습니다."

한편, 프랑스의 통역사 알릭은 판도라 미션 동영상을 인터넷에 유포한 일과 관련하여 미국중앙정보국 CIA와 접촉 중이었다. 프랑스 첩보국 DGSE도 알릭이 동영상을 올린 사실을 알고 있었으나, 정신 나간 친구의 해프닝 정도로 치부한 터였다. 그도 그럴 것이 알릭이 올린 동영상에는 그가 꽥꽥거리는 비명 소리만 남아 있을 뿐 영상은 기록되지 않았던 탓이었다.

알릭의 동영상을 클릭했던 사람들 중 일부는 "퉤퉤, 변태 자식!" 하고 댓글을 남기기도 했다. 그러나 미국 CIA는 판도라 미션과 관련하여 이상한 낌새를 눈치채고 있었다. 판도라를 알고 있는 교수나 학생들이 그 내용을 직접 발설한 것은 아니었지만, 무작위 감청에서 그들의 통화 내용 일부가 포착되었던 것이다. 알릭은 세상에 사실을 알렸으나 오히려 변태로 몰리자 풀이 죽어 있던 터에 CIA가 손을 내밀자 적극 협조하기로 했다.

자기 방 책상에 엎드려 잠깐 잠이 들었던 다은이는 누군가가 깨우는 소리에 부스스 일어났다.

"오늘 판도라의 미션 수행자로 다은 양이 선택되었어요. 자, 저와 함께 가실까요?"

"어? 당신은 팅커벨?"

피터팬 만화에서 보았던 팅커벨이 분명했다. 팅커벨은 창문으로 포르르 날아가더니 요술 봉을 가볍게 흔들었다. 요술 봉의 끝에서 영롱한 가루가 뿌려졌다. 다은이의 몸이 가벼운 깃털처럼 붕 떠올랐다.

"어머머!"

다은이는 깜짝 놀랐으나 팅커벨이 이끄는 대로 몸을 맡겼다. 밤하늘을 훨훨 날아가며 다은이는 꿈인가 생시인가 황홀하기 그지없었다. 밤하늘의 차가움 같은 것은 전혀 느껴지지 않았다. 온화한 기운이 온몸을 감싸고 있는 듯했고, 막혔던 눈과 코와 귀가 뻥 뚫린 듯이 상쾌했다.

얼마나 날아올랐을까. 은하수의 별들이 손에 잡힐 듯이 찬란해 눈이 부실 지경이었다.

"자, 다 왔어요. 저기 초록색 작은 연못이 보이지요?"

창공의 연못 주변 잔디밭에는 예쁘고 앙증맞은 꽃들이 가득 피어 있었고 유리로 만든 아담한 의자 네 개가 놓여 있었다.

그때 꽃의 능선 너머에서 불빛이 반짝이더니 또 다른 팅커벨이 모습을 드러냈다. 그 뒤를 따라 또 한 아이가 날아오고 있었다. 뒤이어 능선의 좌측과 우측에서도……. 팅커벨들은 아이들을 연못가 의자로 안내한 후 '행운을 빌어요.' 라고 금가루 글씨를 남기고는 능선 너머로 사라졌다.

다은이가 '저 아이들은 어디서 온 것일까?' 하고 생각하자, '나는 러시아에서 왔어', '난 캐나다에서', '난 일본' 이라고 아이들이 생각을 전해 왔다. 아니, 전해 온 것이 아니라 저절로 감지된 것이라고 해야 옳겠다. 서로 다른 언어를 쓰는 사람들이 통역도 없이 상대방의 생각과 감정까지 고스란히 읽을 수 있다니! 아이들은 페로몬으로 소통하는 개미가 된 것 같은 신비로움을 느꼈다.

판도라의 마지막 미션이 시작되었다. 아이들은 연못 주위에 동그랗게 앉아 연못을 들여다보았다. 이윽고 연못이 동심원으로 열리며 지구가 한눈에 내려다보였다. 아이들의 눈에 지구는 파란 구슬에 총천연색 문양이 어우러진 영롱한 진주처럼 보였다.

순간 연못 속에 보이는 둥근 지구가 두루마리 펼쳐지듯 평면으로 변하더니 해수의 흐름도가 나타났다. 아이들은 판도라의 미션이 무엇인지를 느낌으로 알았다.

그린란드 해역에서 침강하는 심층 해수의 컨베이어 벨트 순환을 따라 전 세계 해양을 여행하는 동안 자신의 감각, 지식, 직관력을 총동원하여 해수의 성질을 파악하고, 주어지는 과제를 해결하세요.

해양 컨베이어 벨트 – 열 염분 순환

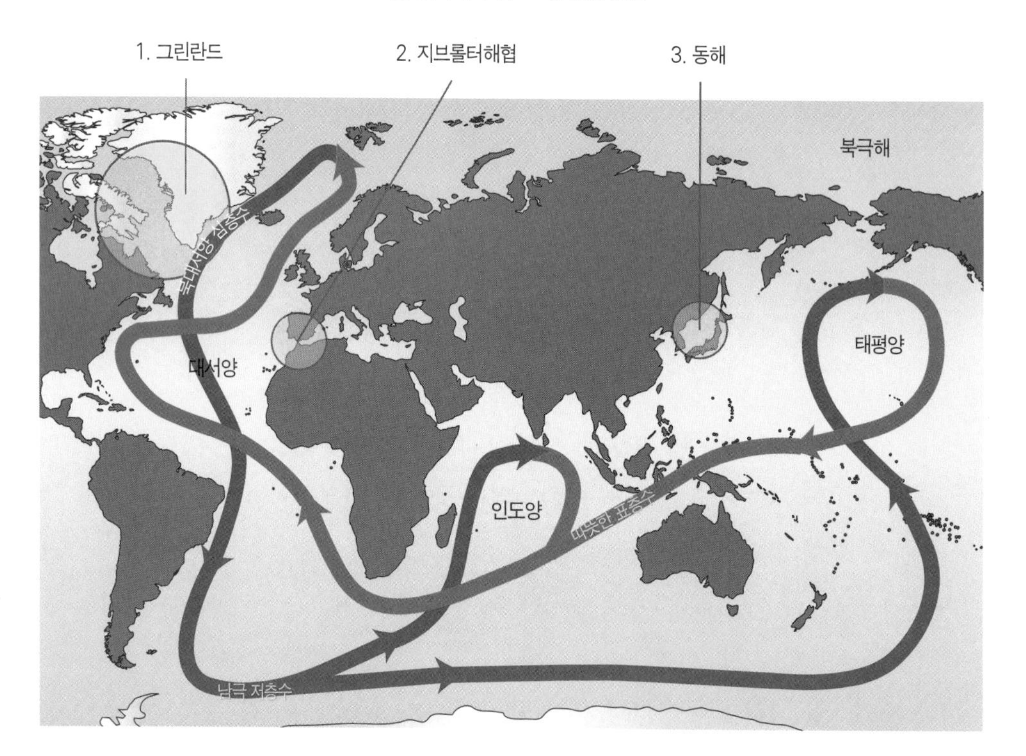

러시아 출신 페트로바가 주저하지 않고 맨 먼저 연못 속의 지구를 향해 뛰어들었다. 페트로바는 이내 작은 점으로 변했고 그린란드 앞바다에서 모습을 감췄다. 이어 캐나다의 대니가 뛰어내렸고, 일본의 시즈미와 한국의 다은이가 거의 동시에 떨어져 내렸다. 다은이는 고공에서 바다로 떨어지면서 스릴을 느꼈다. 두려움이나 공포감 같은 것은 전혀 느껴지지 않았다.

아이들은 북대서양 심층수의 흐름을 따라 서서히 가라앉으면서 해수를 온몸으로 느낄 수 있었다. 페트로바가 중얼거렸다.

"아, 시원하고 상큼하군. 산소가 풍부한 물이야."

수심 100미터에 이르자 한 치 앞도 보이지 않는 차가운 암흑의 세계가 아이들을 에워쌌지만, 아이들의 눈이 야간 투시경처럼 밝아져서 조금도 불편하지 않았다.

페트로바가 제안했다.

"각자 1킬로미터 수심 간격으로 흩어진 후 이동하자."

"그래, 위아래 파동 곡선으로 교차 이동하는 게 어때?"

다은이의 추가 제안에 시즈미가 동감했다.

"그래, 사인sine 코사인cosine 곡선처럼 말이지."

아이들은 표층에서부터 수심 5천 미터 사이를 오르락내리락하며 이동을 시작했다.

대서양의 바닷물

그린란드
적도
남극
중앙 표층수
36.5‰
3~4℃
34.9‰
지중해 기원수
남극 중층수
북대서양 심층수
남극 저층수
0~1℃
34.7‰
60° 40° 20° 0° 20° 40° 60° 80°
N
S

출발점인 그린란드 해역을 지나 대서양중앙해령을 가로질러 남극해에 다다르자 아이들은 잠시 해변에 모였다. 남극해 주변 물의 온도는 -2~0°C. 산소가 풍부하고 플랑크톤이 많아서 크릴새우가 우글우글했다. 풍부한 먹잇감 덕분에 혹등고래 무리가 물보라를 일으키며 신나는 식사 시간을 즐기고 있었다. 아이들은 이심전심 무언의 대화를 했다.

"아열대 지방을 지나올 때 표층의 물이 제일 짜던데?"

"지중해에서 흘러나온 고염분의 해수 때문일 거야."

"북대서양 심층수보다 더 바닥으로 흐르는 물은 남극 주변에서 냉각한 물이겠지?"

"그래, 그건 남극 저층수야."

아이들의 생각이 하나로 연결되면서 대서양의 남북 단면이 이미지로 그려졌다. 아이들은 남극 순환류의 흐름을 따라 동쪽으로 계속 이동하여 인도양, 남태평양을 지나 북태평양 알류샨 열도 부근에서 물 밖으로 나왔다. 아이들은 판도라의 메시지를 들었다.

수심에 따른 용존산소 함량과 식물의 생장에 꼭 필요한 영양염의 분포를 그래프로 떠올리세요.

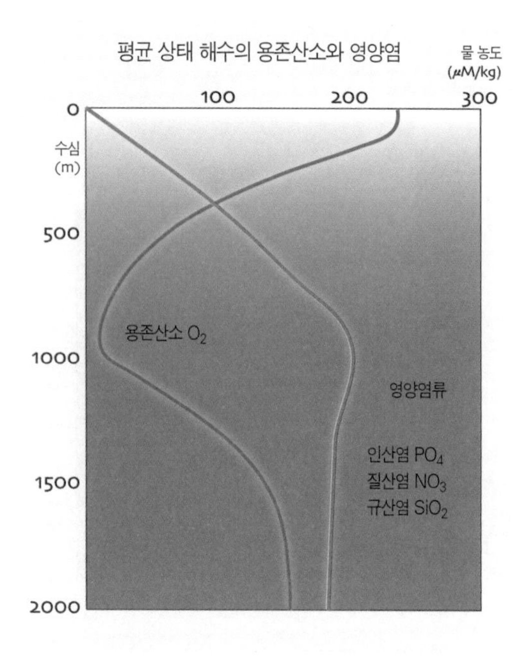

아이들은 서로의 눈을 쳐다보며 생각을 하나로 모았다. 세 명의 생각이 일치했으나, 시즈미의 생각이 좀 달랐다. 시즈미가 아이들에게 물었다.

"식물의 생장에 꼭 필요한 영양염이라면 칼륨K 성분도 들어가야 하지 않니?"

대니가 답했다.

"물론 칼륨도 꼭 필요한 요소야. 하지만 칼륨은 생물들이 쓰고 남을 만큼 충분히 바닷물에 녹아 있기 때문에 보통 영양염이라고 하면, 그 양에 따라 생물의 증식에 영향을 줄 수 있는 인산염, 질산염,

규산염을 가리켜."

"으흠, 그렇구나. 알려 줘서 고마워."

잠시 후 평균 해수의 용존산소량과 영양염의 그래프 이미지가 만들어졌다.

판도라가 과제를 냈다.

해수의 표면층에는 산소가 많은 대신 영양염류가 적고, 이와는 반대로 수심 1,000m 층에는 산소가 적고 영양염류가 많은 것으로 나타났군요. 왜 그런 분포가 나오게 되는 것인지 토의하고 설명하세요.

아이들은 눈을 감았다. 그리고 다른 아이들과 마음속으로 의사소통을 시작했다. 토론은 길지 않았다. 시즈미가 대표로 설명했다.

"바다의 표면은 대기와 접촉하고 있어서 대기 중의 산소가 녹아듭니다. 또한 바다 표면층에는 햇빛이 들기 때문에 식물성플랑크톤의 광합성 작용이 왕성할 것입니다. 때문에 바다 표면층에는 용존산소의 양이 풍부해집니다. 그러나 수심 100미터가 넘으면 햇빛이 거의 닿지 않기 때문에 광합성에 의한 산소의 생산이 더 이상 일어나지 않을 것입니다. 대신 동물성플랑크톤을 비롯한 수중 생물들의 활동으로 인해 산소의 소비가 많고, 유기물 분해 작용으로 인해 질산염, 인산염, 규산염 등 영양염의 농도가 증가하게 됩니다."

판도라가 말했다.

"좋습니다. 다음 과제를 위해 동해로 이동하세요."

"네."

다은이와 대니가 대답했지만, 페트로바와 시즈미는 잘 못 들은 듯했다. 시즈미가 다은이에게 물었다.

"어디로 가라는 거야?"

"동해."

페트로바가 알았다는 듯이 중얼거렸다.

"아하, 야폰스코예 모레."

야폰스코예 모레 Японское море
'일본해'라는 뜻의 러시아어.

국제수로국 명칭 변경.
1921년 설립된 국제수로국IHB는 1970년 국제수로기구IHO, International Hydrographic Organization로 변경되었다. 세계의 바다 명칭을 결정하는 준거로 사용되는 〈해양과 바다의 경계 Limits of Oceans and Seas〉라는 해도집을 발간하고 있다.

시즈미가 짜증 섞인 목소리로 말했다.

"일본해라고 해야 쉽게 알아듣지, 동해가 뭐야……."

다은이가 웃으면서 말했다.

"동해는 어느 한 나라의 것이 아니잖아. 그러니까 특정 국가의 이름을 붙이는 것은 옳지 않아."

시즈미가 약간 상기된 억양으로 말했다.

"그럼, 우리나라 서쪽에 있는 바다를 동해라고 부르는 것이 마땅하니? 입장 바꿔 생각해 봐. 황해가 중국의 동쪽에 있으니까 동해로 부르자고 중국인들이 주장하면 너희 나라 사람들은 수긍할 수 있겠어?"

다은이가 고개를 끄덕이며 말했다.

"그래, 너희 입장도 이해가 간다. 그렇지만 동해라고 부르는 것이 거북했다면 황해, 홍해, 흑해 이런 식의 이름을 제안했어야지……."

페트로바가 말했다.

"역사적으로 가장 오래된 이름은 동해東海, 창해滄海 등이야. 과거 서양의 세계지도에는 한국해, 조선해, 동양해, 일본해 등으로 다양하게 표기되었어. 그중에서 가장 빈번하게 사용되었던 이름은 한국해Sea of Korea, Mer de Coree라는 명칭이래. 그런데 1929년 일본이 국제수로국 회의에서 'Sea of Japan'이라고 주장했고, 그 요청이 받아들여지는 바람에 '일본해'라는 명칭이 사용되기 시작한 거야."

시즈미가 아이들에게 동의를 구하듯이 말했다.

"국제수로기구에서 인정한 명칭이니까, 당연히 일본해라고 부르는 게 맞지? 그치?"

다은이 얼굴에서 미소가 사라졌다.

"1929년이면 일제가 조선을 강제 점령했던 시기에 해당한다는 것을 너도 잘 알고 있을 텐데? 하기는, 우리의 국토, 주권뿐만 아니라 언어와 문화에 이르기까지 모든 것을 황국신민화하려고 획책했었으니까 동해든 한국해든 일본해로 명칭을 바꾸는 것쯤은 일도 아니었겠지."

다은의 따끔한 일침에 시즈미의 얼굴이 빨개졌다.

"강제 점령……, 그건 우리 조상들의 잘못이었어. 내가 사죄할게. 미안해, 다은아."

사죄한다는 말을 듣자 다은이는 언짢은 마음이 금방 풀렸다.

"괜찮아, 이미 지난 일을 되돌릴 수는 없잖아. 너희 정부도 너처럼 솔직하게 인정하고 미안하다고 하면 묵은 감정이 녹을 텐데 말이야."

조용히 듣고만 있던 대니가 말했다.

"얘들아, 이러고만 있을 거야? 판도라 미션은 아직 끝나지 않았어. 어서 블루씨를 향해 떠나자고!"

"블루씨……? Blue Sea! 그거 좋은데, 푸른 바다 청해青海!"

아이들은 손에 손을 잡고 울릉도 근처의 바다로 순식간에 이동했다. 파도가 잔잔한 수면 위에 살포시 내려앉은 아이들은 마치 물침대 위에 걸터앉은 것처럼 편안하게 자세를 잡았다. 곧이어 판도라의 메시지가 전달되었다.

이곳은 남하하는 북한 한류와 북상하는 동한 난류, 쓰시마해류가 부딪혀 합류하는 곳입니다. 흔히 조경 수역이라고 불리는 이곳에는 많은 물고기들이 몰리기 때문에 좋은 어장이 형성됩니다. 그렇다면 이곳에 왜 물고기들이 많이 몰리게 되는지요?

다은이가 자신있다는 듯 하하하 웃더니 말했다.

"초딩 문제네. 산소가 풍부하고 영양염이 많은 한류와 따뜻한 온도의 난류가 합류하니까 그런 거잖아. 이거 중1 때 학교 시험 주관식 문제로 나온 적이 있는데, 만점 받았어."

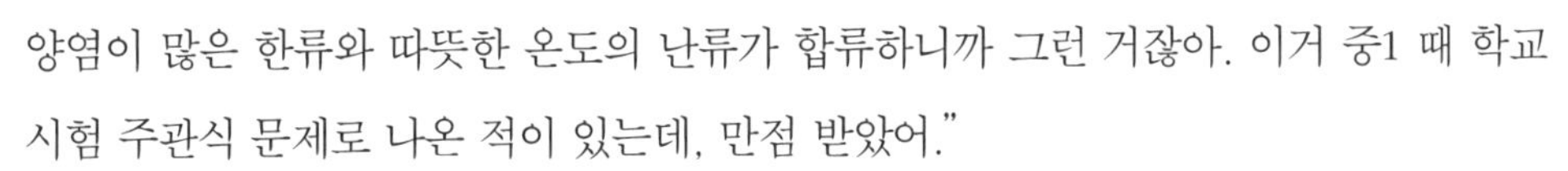

시즈미도 다은이의 말에 공감하며 말했다.

"나도 그렇게 배웠어. 산소, 영양염, 온도의 삼박자가 적절하기 때문에 물고기들이 많이 모이는 거라고."

대니가 고개를 갸우뚱하며 말했다.

"그런 답을 써서 만점을 받았다고? 그건 결과를 설명한 것이지, 근본적인 원인을 설명한 것은 아니잖아?"

페트로바도 대니의 의견에 찬성했다.

"그건 대니 말이 맞아. 왜 산소가 풍부하고, 왜 영양염이 많은 것인지, 무슨 근거로 온도가 적절하다고 하는 것인지를 설명해야 하는 거 아냐?"

다은이가 말했다.

"기체의 용해도가 찬물에서 높은 것은 다 아는 사실이고, 영양염도 한류에 풍부하다는……."

여기까지 말한 후 다은이는 말끝을 흐렸다. 생각해 보니 영양염은 수심 1,000미터 이상의 심해에서 많은 것이지, 온도가 낮은 한류라고 무조건 영양염이 많은 것은 아니기 때문이었다.

시즈미도 생각에 잠겼다.

'차가운 남극 바다 주변에도 해양 생물들이 바글바글한데, 한류와 난류가 만나면 물고기가 서식하기 좋은 온도가 될 거라는 설명이 과연 타당한가?'

아이들은 잠시 생각에 잠겼다. 수면 아래로 물고기 떼가 지나가는 모습이 비쳤다. 다은이가 야호를 외치듯이 입가에 손을 모으고 외쳤다.

"야~아~, 물고기들아! 너희들은 찬물과 더운물이 섞이는 곳을 왜 좋아하는 거니?"

답답해서 그냥 해 본 소리였다. 그런데 지나가던 명태 한 마리가 대답했다.

"난 냉탕이 좋지 온탕은 싫어. 미지근한 탕도 별루야."

뒤따르던 다른 명태들이 짜증을 냈다.

"어이! 앞에서 자꾸 버벅댈래! 냉큼 가자고!"

시즈미가 외쳤다.

"명태님들~, 어딜 그렇게 바쁘게 가는 거예요?"

맨 뒷줄에서 무리를 따라가던 늙은 명태 한 마리가 대답했다.

"젊은 것들이 먹을 거라면 환장을 해요. 나 같은 늙은이가 도착했을 때는 영업 끝나

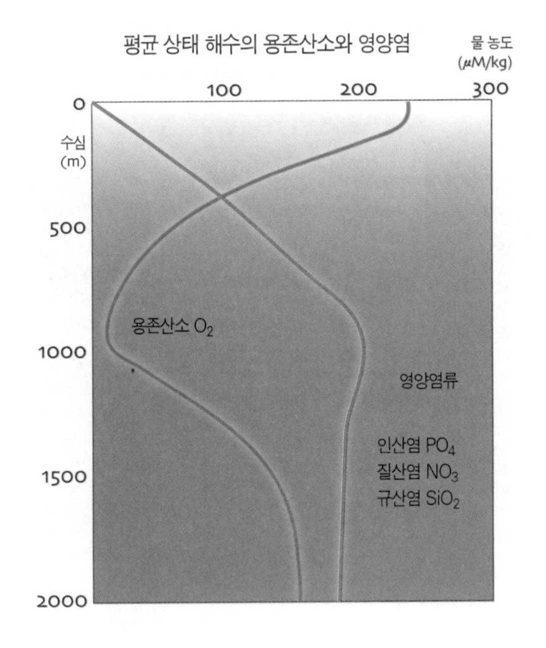

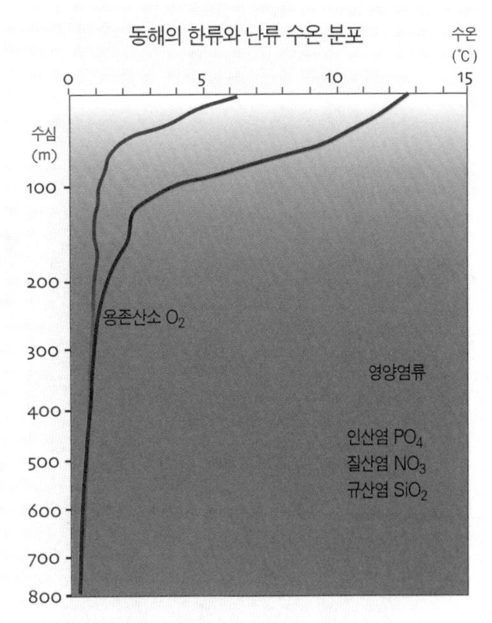

가는 뷔페식당이라니까! 맛없어서 남긴 거나 챙겨 먹어야지."

"그러니까, 한류와 난류가 만나는 곳에 먹을 게 많다는 소리지요?"

"늦게 가면 그나마도 없어. 말 시키지 마! 에구 허리야."

늙은 명태는 허리를 비비 꼬면서 갈 길을 재촉했다.

페트로바가 중얼거렸다.

"명태의 말대로라면 물의 온도는 그다지 중요하지 않은 것 같아. 중요한 것은 먹잇감이라는 거지. 그렇다면 1차 생산자인 플랑크톤이 많이 증식해야 하는데, 필요한 것은 산소와 영양염……."

아이들은 수심에 따른 용존산소, 영양염, 온도 그래프를 이미지로 그려 내고 한류와 난류가 만날 때 어떤 현상이 일어나게 될지를 고민했다. 서로의 생각이 교차하면서 차츰 윤곽이 잡히기 시작했다.

'산소량이 적고 영양염도 많지 않은 깊이는 수심 200~1,000미터 중간 구역이다. 그렇다면 표층의 물이 아래로 내려가고 심층의 물이 위로 솟아오르는 혼합 작용이 일어나야 해양 생물이 많이 서식하는 중간 구역에 부족한 산소와 영양염을 공급할 수 있

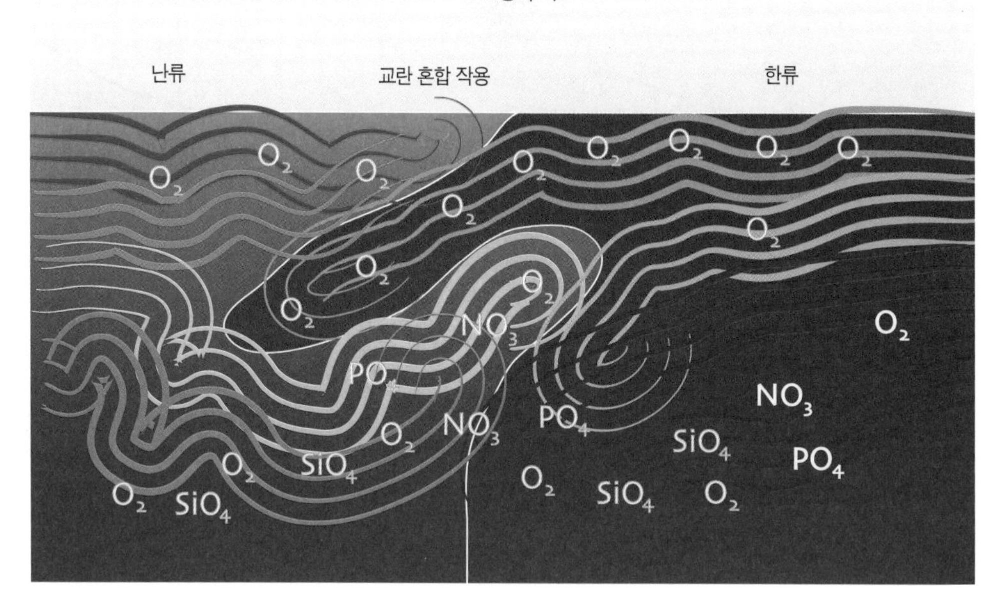

다. 혼합 작용의 원동력은 무엇인가? 심해의 찬물은 밀도가 높기 때문에 저절로 솟아오르지는 않을 것이다. 허나, 표층에서 아래로 물이 가라앉는다면? 그렇구나! 동해에서 한류와 난류의 표층 온도차는 무려 6°C 이상이다. 온도가 낮은 한류는 밀도가 크기 때문에 난류를 만나면 아래로 침강하고 하층의 물이 위로 상승하는 교란이 일어날 것이다…….'

아이들의 머릿속에 이미지가 그려졌다.

그러자 판도라가 말했다.

"여러분의 추론 이미지가 근사합니다. 자세한 관측 자료가 없는 상태에서 교란 작용이라는 핵심을 떠올린 것만으로도 훌륭합니다. 이제 마지막 문제 상황을 드리겠습니다."

판도라의 이야기가 끝나는 순간 아이들은 갑자기 물속으로 빨려 들어갔다. 아이들은 숨이 막혀 눈을 질끈 감았다. 그러나 잠시 후, 쿵 하는 소리와 함께 딱딱한 바닥에 엉덩방아를 찧었다.

"어쿠쿠, 여기가 어디야?"

대니의 외침에 아이들은 감았던 눈을 떴다.

"헉! 이게 뭐야?"

아이들은 자신의 모습을 확인하고 깜짝 놀랐다. 모두가 군복을 입고 있는 것이었다.

"이거 무슨 시추에이션이야? 헐~."

"여기가 어디야? 창고 같기도 하고, 배 같기도 하고?"

"페트로바, 너 군복 잘 어울리는데. 하하하."

그때였다. 권총을 든 독일군 장교 한 명이 나타났다.

"귀관들은 여기서 뭐하는 거야? 빨리 제자리로 안 가!"

"그게 말이죠……, 저희들은……."

대니가 뭐라 대꾸를 하려고 하자, 독일군 장교가 총을 겨누면서 말했다.

"입 닥쳐! 지금 우리는 연합군 구축함대의 포위망에 갇힌 상태다. 이대로 있다가는 폭뢰에 맞아 우리 U보트 잠수함이 침몰한다. 어떡할 거야?"

페트로바가 겁을 집어먹고 말했다.

"우리보고 어쩌라고요, 네? 우리는 잠수함을 처음 타 봐요."

독일군 장교가 신경질을 냈다.

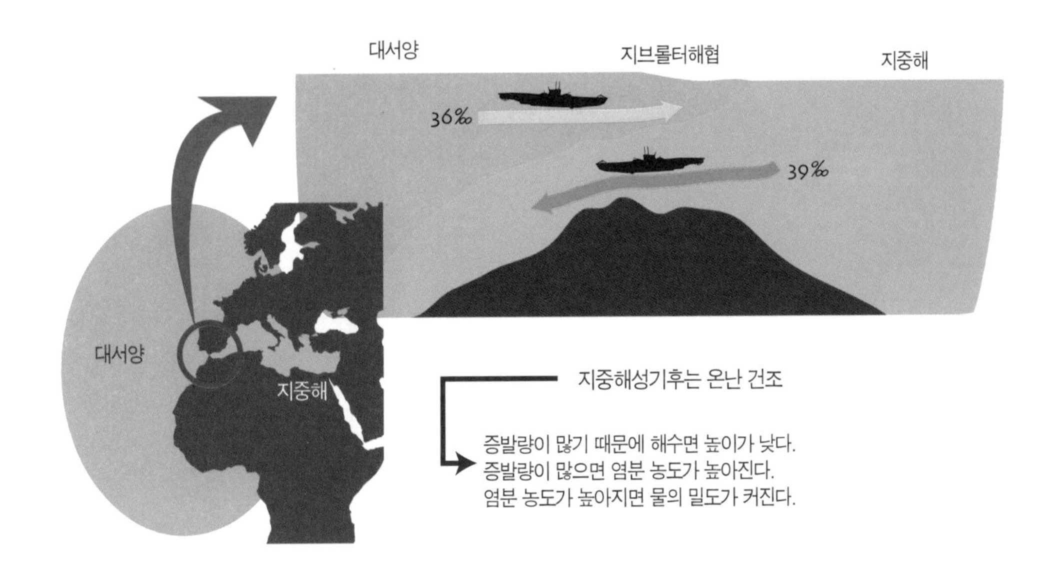

"이런 머저리 같으니라구! 한 시간 내로 지브롤터해협을 빠져나가야 돼! 대서양으로 피신해야 한단 말이다."

쿠궁! 쿠궁!

물속에서 폭뢰 터지는 소리가 나더니 잠수함이 크게 요동쳤다.

"이크, 이놈들이 우리 위치를 파악했나 보다. 귀관들, 1분 내로 어떡해야 할지 좋은 의견을 내지 않으면 모두 쏴 버리겠다. 알았나!"

'지브롤터해협? 그럼 여기가 지중해와 대서양의 길목이란 말이지?'

시즈미가 위치를 짐작해 내자, 대니가 속삭였다.

"대서양의 수면이 지중해보다 2미터 정도 높기 때문에 지브롤터해협 표층에서는 대서양에서 지중해 쪽으로 해류가 흘러들어. 대신에 수심이 깊은 곳에서는 염분이 높아 고밀도인 지중해 해수가 대서양 쪽으로 흘러나가는 흐름이 있어."

독일군 장교가 권총 노리쇠를 잡아당겨서 총알을 장전했다.

"귀관들 셋을 세겠다. 하나, 둘……."

다은이가 대니의 생각을 이해하고 급하게 말했다.

"사령관님! 해결책을 찾았습니다."

"뭐? 사령관님……? 흠, 좋아. 부관이 말해 보게."

"해류를 이용하는 겁니다. 지금 수심이 얼마나 되는지 몰라도 깊은 쪽으로 잠수하면 대서양 쪽으로 향하는 해류의 흐름이 있습니다. 구축함의 음향탐지를 피하려면 엔진을 끄고 조용히 잠수해야 합니다."

독일군 장교가 총을 거두더니 말했다.

"귀관들 정 위치! 엔진을 끄고 잠수한다."

독일군 장교의 말이 끝나기가 무섭게 폭뢰 소리가 엄청 크게 들리더니 잠수함의 벽면이 깨지면서 물이 쏟아져 들어왔다. 아이들이 모두 물살에 휩쓸리며 잠수함 벽면에 충돌했다. 쾅!

"아! 안 돼! 엄마야!"

갑자기 눈이 부셨다. 엄마가 다은이를 흔들었다.

"얘, 다은아. 너 꿈 꿨니? 뭔 잠꼬대를 그리 심하게 하누?"

"어? 꿈이었나? 이상하다. 분명히 팅커벨을 따라 나갔었는데……."

판도라의 달 기지.

퉁가바우 교수와 나쉬리 박사는 정보팀장 딘던치클 박사와 녹차를 마시며 환담 중이었다.

"마지막 미션은 왜 에너지가 많이 드는 라이브 드림live dream 방식으로 진행이 된 거죠?"

퉁가바우의 질문에 딘던치클이 대답했다.

"CIA를 비롯한 지구의 첩보국들이 우리의 존재에 대해 냄새를 맡은 것 같아요. 현장에서 판도라의 상자를 가동하다가 혹 그들과 충돌할 경우 어떤 사태가 빚어질지 예측할 수 없었거든요."

나쉬리 박사가 말했다.

"지구의 아이들이 미션 수행을 무난하게 해내고 있는데, 앞으로 얼마나 더 남은 거죠? 향후 계획은요?"

"화성 조사를 위해 나가 있는 조사 1팀과 2팀이 곧 돌아올 예정입니다. 팀원들이 모두 돌아오면 츄이 의장이 회의를 소집할 것 같아요."

"화성 조사에서 얻은 것은 뭐 없나요?"

"조사 팀이 보내온 자료에 의하면 화성을 생물이 살기 좋은 환경으로 개발할 여지는 충분하다고 하더군요. 다만, 시간이 문제지요……."

"당신들은 외계인들과 한통속이나 다름없어!"

"그렇지 않아요! 우리에게는 선택의 여지가 없었어요. 그들의 요구대로 하는 것이 최선이라고 판단했습니다."

미국중앙정보국 작전 부국장 다우닝은 날카로운 눈을 치켜뜨며 소리를 버럭 질렀다.

"인류의 목숨을 담보할 권리가 당신에게는 없어! 알아?"

김종찬 박사는 지그시 눈을 감고 말했다.

"그런 권리가 없기는 당신들도 마찬가지지……."

"뭐야?"

다우닝은 벌떡 일어서서 의자를 발로 차려다가 멈칫 돌아서면서 말했다.

"좋아! 당신 말대로 지구를 구하기 위해 그랬다고 쳐. 그럼 지금 그들이 있는 곳을 대! 그것도 모른다면 앞으로 접선할 장소라도 말해!"

김종찬 박사는 고개를 저으며 말했다.

"정말, 앞으로 일어날 일에 대해서는 아는 게 없습니다. 나도 답답해요."

한편 중앙정보국의 다른 방에서는 통역사 알릭의 증언 때문에 신원이 쉽게 노출된 프랑스의 이사벨과 바르테즈, 브라질의 아소와 미르자가 구금된 채 조사를 받고 있었다. 그러나 아이들은 하나같이 꿈을 통해 지시를 받았으며 상자가 내 준 문제를 풀었다는 말만 되풀이했고, 이런 터무니없는 대답에 정보국 요원들은 어이가 없고 분통이 터졌다. 그 무렵 상부에서 지시가 내려왔다.

인류의 운명이 위협받고 있는 상황임. 수단과 방법을 가리지 말고 상세 정보를 얻어 낼 것. 데스 카운트 Ⅲ 발령.

중대한 국가 위기 상황일 때 최고위층에서는 정보기관에 데스 카운트 Ⅲ를 하달한다. 이는 초국가적 위기가 목전에 닥쳤다는 뜻이며, 정보 수집을 위해서 인권이나 목숨 등 그 어떤 희생이나 대가를 치러도 무방하다는 뜻이었다.

나무 탁자와 의자 두 개가 전부인 작은 방에 미르자가 불려와 있었다. 미르자는 전신을 파고드는 음습한 냉기에 몸을 떨었다.

끼이익, 철제문이 쇳소리를 내며 열리더니 긴 장화를 신은 사람이 들어섰다. 그는 회색 눈으로 미르자를 무심하게 쳐다봤다.

"누, 누구세요?"

"내 이름, 하이드 칼리, 너 같은 계집애를 잘 다루는 최고 전문가."

딱딱 끊듯 말을 내뱉은 하이드가 커다란 오른손을 쭉 뻗더니 미르자의 양 볼을 엄지와 중지로 꽉 움켜쥐었다.

"악!"

하이드는 미르자의 얼굴을 좌우로 세차게 흔들더니 한순간 확 뿌리쳤다. 미르자는 시멘트 바닥에 그대로 나뒹굴었고, 하이드의 장화 신은 발이 미르자의 배를 콱 짓눌렀다.

"아악! 살려……, 악!"

하이드가 발에 힘을 주었기 때문에 미르자는 더 이상 말을 잇지 못했다.

"내 예감은 틀린 적이 없다. 알릭의 말과 너희들 말이 앞뒤가 맞지 않아. 미션이 실패했을 때 너희는 이미 폭풍에 날아가 죽었어야 했어. 외계인들이 어째서 너희들을 보호한 것이지? 나는 네가 의심스러워. 너의 외할머니는 아랍 여인이고, 오랫동안 미국에서 불법으로 체류했었지. 네 외할아버지는 누군지 종적이 묘연해. 한데 묘하게도 50년 전 아프가니스탄에 나타나 돌 세례를 받던 아랍 여인을 구출해 간 남자가 있었는데, 외계인이라는 풍문이 있었어. 그게 사실이라면 그림이 그려지지 않아? 응?"

미르자가 신음을 뱉으며 말했다.

"저는 아무것도 몰라요. 할머니가 아랍인이었다는 것 말고는."

하이드가 킬킬 웃으며 말했다.

"네가 알든 말든 그건 상관없어. 너를 족치다 보면 외계인들이 모습을 드러낼 거라는 게 내 육감이거든. 클클클."

하이드는 미르자의 웃옷을 거칠게 잡아 당겼다. 미르자의 한쪽 어깨와 상반신의 일부가 드러났다.

"내가 막 대한다고 원망하지 마! 다 네가 자초한 일이니까 말이야."

하이드가 허리 뒤춤에서 짧은 가죽채를 꺼내 들더니 허공을 두 번 휘저었다. 짧은 가죽채는 뱀의 울음소리를 냈다. 쉬식, 쉬식.

미르자는 눈을 질끈 감았다. 청천 하늘에 날벼락도 유분수지, 미르자는 도무지 이해할 수 없는 끔찍한 상황에 너무도 기가 막혔다.

쉬익! 하이드의 팔이 허공을 가르는 순간, 번쩍하며 하얀 섬광이 일었다.

"……?"

하이드는 왠지 손이 허전하다는 생각이 들었다. 계집애의 어깨에 시뻘건 자국이 나야할 텐데 멀쩡하다. 하이드는 회색 눈을 치켜뜨고 자신의 손을 보았다. 채찍과 손가락 두 개가 보이지 않았다.

"억!"

하이드의 관자놀이에 푸른 힘줄이 지렁이처럼 돋아났다.

"웬 놈이냐!"

하이드가 손을 움켜쥐고 벌떡 일어났을 때, 철문 앞에 검은 도포를 걸친 노인이 지팡이를 들고 우뚝 서 있었다. 판도라의 전 의장 칼루타로였다.

칼루타로는 말없이 미르자를 일으켜 세우고는 우수 어린 눈으로 바라보았다. 미르자는 그 눈빛이 매우 익숙하다고 느꼈다. 어머니의 눈빛이었다.

"아……, 외할아버지?"

탕! 탕!

어느새 권총을 꺼낸 하이드가 칼루타로의 어깨를 향해 두 발을 쏘았다. 총알은 칼루타로의 어깨 근처에 둥둥 떠 있다가 힘없이 바닥으로 떨어져 데굴데굴 굴렀다.

칼루타로는 미르자를 등에 업었다. 외할아버지의 등에서 미르자는 눈물을 흘렸다. 오랫동안 그리던 가족의 사랑이 느껴졌다. 따스했다.

그날 저녁, 전 세계의 텔레비전 화면에 츄이가 나타났다.

"우리는 판도라 행성에서 온 사람들입니다."

사람들은 방송 사고나 누군가의 장난인 줄 알고 온통 난리였다. 하지만 채널을 돌려도 모든 방송 화면이 똑같았다.

"실제 상황이야, 뭐야?"

세계의 방송사들은 모든 것이 실제 상황이며 이를 통제할 수 없다는 것을 알고 방송 자막을 넣었다.

이는 실제 상황입니다. 전 세계의 방송은 이 화면을 전혀 제어할 수 없는 상태입니다.

사람들이 하나둘씩 텔레비전 앞에 모여 들었다.

츄이는 자신들이 지구에 오게 된 이유를 설명하고 앞으로의 계획을 밝혔다.

"우리 판도라인과 지구인의 유전자가 동일하다는 것은 정말 놀라운 일입니다. 우리는 오랜 연구 끝에 그 원인이 버뮤다 삼각지대에 있다는 것을 알아냈습니다. 버뮤다 삼각지대는 시공의 통로입니다. 판도라에도 그 같은 시공의 통로가 있으며 수만 년 전에 그곳을 통해 우리의 조상 중 일부가 지구로 유입되었다고 짐작합니다. 현재 우리의 과학기술은 지구보다 2천 년 정도 앞서 있습니다. 그런데 판도라는 100년 이내에 투르타스 별과 충돌하여 운명을 다하게 됩니다. 하여 지구로의 이주를 추진하기 위해 이렇게 찾아온 것이니

버뮤다 삼각지대Bermuda Triangle
마의 삼각지대Devil's Triangle로도 불리는 이곳은 북서대서양 멕시코만 근처로 플로리다해협, 버뮤다, 푸에르토리코 혹은 아조레스제도의 경계를 삼각형 범위 안으로 삼는다. 예로부터 수많은 항공기와 선박들 또는 승무원만이 사라진다는 전설로 유명한 곳이다.

함께 협력하여 아름다운 세상을 만들어 갔으면 합니다."

생방송으로 진행된 판도라의 영상은 놀라움의 연속이었다. 판도라의 과학은 사하라 사막을 5년 이내에 숲으로 바꿀 수 있고, 암 같은 불치병 또한 어렵지 않게 치료할 수 있다고 했다. 오하수나 의장의 영상도 함께 송출되었는데, 고운 피부의 아름다운 그녀가 두어 해가 지나면 백 살이 된다는 사실에 지구인들은 벌어진 입을 다물지 못했다. 판도라는 달의 개발, 나아가 화성의 개발 계획까지 발표했다.

"화성에 숲을 만드는 일도 가능한 일입니다. 다만, 지구에서 필요한 것들을 제공받아야 합니다. 우리가 가장 염려했던 것은 지구인의 탐욕이었습니다. 그러나 우리는 지구의 청소년들을 시험하면서 희망을 발견하였습니다. 그들은 순수했고 솔직했습니다. 하여 우리는 지구인에게 우정의 손을 내밉니다. 비록 우리는 멀리서 온 낯선 손님이지만, 반가이 맞아 주신다면 고맙겠습니다."

역사상 유례가 없는 신속함으로 국제회의가 진행되었다. 나흘 후에는 각국의 정상들이 한자리에 모였고, 유엔은 담화 결과를 공포했다.

"우주에 우리의 형제가 살고 있었다는 사실에 지구인들은 희열의 눈물을 흘렸습니다. 또한 그 형제가 사랑과 평화의 수호자라는 사실에 또 한 번 감동했습니다. 모든 사람들은 우주가 내린 은총에 기뻐하며 얼싸안고 춤추었습니다. 우리 지구인들은 판도라인을 뜨거운 가슴으로 환영하는 바입니다."

달 기지의 퉁가바우 교수는 나쉬리 박사의 말을 들으며 박수를 치고 있었다.

"그러니까, 50년 전 칼루타로 전 의장이 지구를 방문했을 때 아랍 여인을 구하고 사랑에 빠졌다는 말씀이지요?"

"사랑에 빠진 것이라기보다는 불쌍한 여인을 동정했던 것이겠지요."

퉁가바우 교수가 입술을 내밀고 고개를 저었다.

"모르시는 말씀, 나쉬리 박사님은 남자를 잘 몰라서 그렇게 말씀하시는 거예요. 지구 속담에 열 여자 마다 않는 게 남자라고 했어요. 그게 우주의 법칙임을 모르시나요?"

나쉬리 박사가 정색을 하고 말했다.

"퉁가바우 박사님! 심장이 하나이듯 사랑도 하나예요!"

퉁가바우 교수가 큰 소리로 웃으며 말했다.

"하하하, 나쉬리 박사님도 분명 심장이 하나 있으실 텐데, 근데 어째서 독신으로 혼자 사는 거지요?"

"뭐요? 이 양반이 보자 보자 하니까."

나쉬리 박사가 손바닥으로 때리려는 시늉을 하자 퉁가바우 교수가 도망가며 말했다.

"지구에서 멋진 남자 하나 골라잡으세요. 하하핫!"